P R O J E C T

BIM与工程管理

BIM and Construction Management

主编 / 王廷魁　谢尚贤

U0240301

重庆大学出版社

内容提要

中国住房和城乡建设部《关于印发推进建筑信息模型应用指导意见的通知》要求：BIM 将在土木工程中全面应用。本书主要介绍了 BIM 应用与发展、BIM 实施规划、BIM 协同管理、项目不同参与方的 BIM 应用及 BIM 相关软件操作等内容。此外，本书也扩展介绍了 BIM 与 FM、BIM 与 VR/AR、BIM 与 GIS 等内容。

本书同时考虑学校及行业需求，对于应用型本科及高等职业院校学生，读者能在课堂学习时便具备企业所需的初步技能；对于工程技术人员，读者能在学习软件操作时，同时理解相关理论知识以及发展趋势。

图书在版编目（CIP）数据

BIM 与工程管理 / 王廷魁，谢尚贤主编. -- 重庆：
重庆大学出版社，2023.2
ISBN 978-7-5689-3410-7

Ⅰ. ①B… Ⅱ. ①王… ②谢… Ⅲ. ①建筑工程—工程管理—计算机辅助设计—应用软件 Ⅳ. ①TU71-39

中国版本图书馆 CIP 数据核字（2022）第 114132 号

BIM 与工程管理
BIM YU GONGCHENG GUANLI
主 编 王廷魁 谢尚贤
策划编辑：林青山
责任编辑：林青山 版式设计：夏 雪
责任校对：王 倩 责任印制：赵 晟
*
重庆大学出版社出版发行
出版人：饶帮华
社址：重庆市沙坪坝区大学城西路 21 号
邮编：401331
电话：(023) 88617190 88617185（中小学）
传真：(023) 88617186 88617166
网址：http://www.cqup.com.cn
邮箱：fxk@ cqup.com.cn（营销中心）
全国新华书店经销
重庆华数印务有限公司印刷
*
开本：787mm×1092mm 1/16 印张：12 字数：316 千
2023 年 2 月第 1 版 2023 年 2 月第 1 次印刷
印数：1—1 500
ISBN 978-7-5689-3410-7 定价：39.00 元

　　随着建筑信息模型（BIM）技术的快速发展，目前建筑行业采用 BIM 技术进行设计、施工及管理已成为主流趋势。2020 年 7 月，中国住建部等 13 个部门共同发布《关于推动智能建造与建筑工业化协同发展的指导意见》，要求发展积极应用自主可控的 BIM 技术，通过融合遥感信息、城市多维地理信息、建筑及地上地下设施的 BIM、城市感知信息等多源信息，探索建立表达和管理城市三维空间全要素的 CIM 基础平台。浙江省也在 2020 年 9 月发布的《全过程工程咨询服务标准》中明确列出项目专项咨询的内容应包含 BIM 服务。BIM 技术的发展朝着全过程、融合多源信息及结合其他技术的方向大力推进。

　　此外，2019 年初，中国国务院印发《国家职业教育改革实施方案》（下文简称《方案》）。《方案》要求，从 2019 年开始，在职业院校、应用型本科高校启动"学历证书 + 若干职业技能等级证书"制度试点工作。建筑信息模型（BIM）等 5 个职业技能成为首批试点领域。

　　在此背景下，BIM 将在土木工程中全面应用，同时相关学校及行业也迫切需要 BIM 教材来满足需求。本书针对学校及行业需求，在内容的编排上，兼顾 BIM 应用基础知识和软件操作两个方面，具有以下特征：

　　①同时考虑学校及行业需求，邀请相关企业专家与学者共同编写，将企业需求融入课堂教学。对于高等职业院校的学生，读者能在课堂学习时便具备企业所需的初步技能；对于工程技术人员，读者能在学习软件操作时，同时理解相关理论知识以及发展趋势。

　　②涵盖内容丰富广泛，包含 BIM 应用与发展、BIM 实施规划、BIM 协同管理、BIM 应用及 BIM 相关软件操作等内容。

　　③结合信息领域的前沿技术，介绍了 BIM 与 FM、BIM 与 VR/AR、BIM 与 GIS 等内容，拓展了读者的视野，也指出了 BIM 技术的潜在应用。

　　全书共 8 章。第 1 章主要阐述 BIM 基本概念、BIM 技术与应用的发展、BIM 应用的挑战与机会；第 2 章介绍 BIM 实施规划，以 BIM 标准与应用指南为基础，结合企业 BIM 实际项目经验，系统地介绍了 BIM 技术实施规划的内容、BIM 模型的成果交付与 BIM 实施规划的控制；第 3 章针对目前 BIM 应用普遍存在的各参与方协同问题，介绍了业主方的 BIM 协同管理工作、设计阶段 BIM 模型协同工作和施工阶段 BIM 模型协同工作；第 4 章探讨目前在实际项目中不同参与方的 BIM 应用、基于 BIM 技术的施工进度控制、基于 BIM 技术的成本控制，并进一步扩展介绍了 BIM 应用趋势，包含 BIM 与 FM 的集成应用、BIM 与 VR/AR 的集成应用、BIM 与 GIS 的集成应用、BIM 与绿色建筑等相关内容；第 5、6、7、8 章从 BIM 实践应用需求出发，分别介绍了建筑设计、日光与能源分析、工程数量估算与工程项目进度管理等内容。

在本书的编写过程中，特别感谢台北科技大学林祐正教授、高雄科技大学吴翌祯教授、台北科技大学纪乃文助理教授和重庆科恒建材集团有限公司数字工程事业部负责人陶海波对本书编写工作的大力支持，笔者不胜感激。本书第 1 章由台湾大学谢尚贤教授编写；第 2 章由高雄科技大学王廷魁副教授、重庆大学柴英涛、重庆大学许文培，以及重庆科恒建材集团有限公司数字工程事业部负责人陶海波编写；第 3 章由台北科技大学林祐正教授与许雅婷编写；第 4 章由高雄科技大学吴翌祯教授、台北科技大学林祐正教授与张景婷、台北科技大学纪乃文助理教授、重庆大学许文培编写；第 5 章由高雄科技大学王廷魁副教授、重庆大学盛苏编写；第 6、7、8 章由高雄科技大学王廷魁副教授、重庆大学李可青编写。

限于编者水平和经验，书中难免有疏漏之处，恳请广大读者和专家予以批评指正。

王廷魁　谢尚贤

2023 年 1 月

目 录
Content

BIM 应用与发展概述

21 世纪初,建筑与建造产业出现了一个名为 BIM(Building Information Modeling)的新技术。开始时,产业中的多数人觉得它大概又只是个学术象牙塔里的产物,离实用还有很大的距离,或只是商业促销的新噱头,因此并不以为意,仅有少数的有识之士开始默默地进行了解甚至研究,并进行案例应用。没想到,才不到几年的时间,BIM 技术在全球主要先进国家快速掀起一股势不可挡的风潮,并展现出将大幅或彻底改变建筑与建造产业的工作与商业模式的态势,也让更多的人感受到并开始思考此新技术将为产业带来的冲击与机会。虽然建筑与建造产业的从业人员横跨许多不同的专业分工,该产业又是历史悠久的产业,要通过新技术进行翻转式的改变不是一件容易的事,加上不少人对 BIM 技术仅是一知半解甚至有所误解,还有一些人仍坚信具有长久历史的传统作业模式不容易被轻易改变与取代,但是BIM 技术发展带来的显著变革已是国际共识。这一点可从这些年各国积极发布且持续发展的 BIM 国家标准,以及最近发布的 BIM 国际标准上得到验证。

BIM 技术仍在持续且快速地发展进步中,其在产业中的应用也越来越成熟。本章主要介绍 BIM 的基本概念,概述 BIM 的发展,并讨论 BIM 的挑战与机会。

1.1 BIM 的基本概念

1.1.1 BIM 的定义

目前,BIM 所对应的最普遍的英文全名为 Building Information Modeling,通常译成"建筑信息模型",其定义是:BIM 技术是一种应用于工程设计、建造、管理的数据化工具,它通过对建筑的数据化、信息化模型整合,在项目策划、运行和维护的全生命周期过程中进行共享和传递,使工程技术人员对各种建筑信息作出正确理解和高效应对,为设计团队以及包括建筑、运营单位在内的各方建设主体提供协同工作的基础,在提高生产效率、节约成本和缩短工期方面发挥了重要作用。

在美国国家 BIM 标准(NBIMS)对 BIM 的定义中,它由如下 3 个部分组成:

①BIM 是一个设施(建设项目)物理和功能特性的数字表达。

②BIM 是一个共享的知识资源,是一个分享有关这个设施的信息,为该设施从概念到拆除的全生命周期中的所有决策提供可靠依据的过程。

③在设施的不同阶段,不同利益相关方通过在 BIM 中插入、提取、更新和修改信息,以支持和反映其各自职责的协同作业。

从前面的定义中可以看出,BIM 作为一种协助设施(建设项目)进行全生命周期数据化与信息化的整合技术,首先需要在数字空间(Digital Space)建立一个对应于实体空间中设施的数字模型,也就是现今工业 4.0 时代所称的数字孪生,在 BIM 应用中就称为 BIM 模型(Building Information Model)。此数字 BIM 模型与传统 3D CAD 模型只是利用几何点、线、面的集合来描述设施或物件的外观十分不同,它虽然也是在外观上与实体设施有所对应的几何模型,但它是由与实体设施的组成元件(如梁、柱、板、墙、门、窗等)一一对应的数字物件组合而成的,而且还包含各个元件的相关属性资料(如物理与功能特性)及相互的空间对应关系。因此,我们可以把 BIM 模型当成一个关于设施的知识资源。在设施的不同生命周期阶段,可以利用已建立好的 BIM 模型来协助完成相关工程项目的信息与知识管理、设计检讨与整合、施工的事前模拟,以及完工后的维护运营管理。

基于上述定义可知,BIM 技术不只是一套软件工具(但应用 BIM 也需要软件工具),还牵涉工程的作业流程与全生命周期信息的管理,而应用的重点是通过一个构建与管理建设项目的数字模型的流程(Process),从而支持建设项目的全生命周期决策。

因为 BIM 技术是从房屋建筑领域开始发展的,所以其第一个字母 B 代表的是 Building,但其基本观念也可应用于不是房屋建筑的公共工程领域。随着相关 BIM 工具软件的持续发展,BIM 技术的应用也已逐渐扩展到非房屋建筑的土木类公共建设项目(如桥梁、隧道等)中,而不再限于房屋建筑设施。

1.1.2　BIM 的价值

从建筑与土木工程长期面临的困境及挑战去探究,再看看 BIM 技术能协助解决的问题有哪些,应不难理解 BIM 的价值。

建筑与土木工程涉及复杂的专业分工、流程与信息的沟通与整合,以及协同作业管理。长期以来,工程人员一直限于使用 2D 的工程图来协助其表达与沟通工程设计与施工整合所需的 3D 信息。虽然工程师可以将脑中的 3D 设计以一套系统的 2D 视图来表达,并且也能将 2D 视图转换成所欲表达的 3D 图,但这样的转换沟通容易造成信息的遗漏与不一致,对于属于非专业人士的业主与设施使用者,他们更是难以看懂 2D 工程图的表达。这不仅影响建筑师及工程师与他们的沟通,也常常因误会而产生后续的工程争议与返工。此外,2D 视图的关联性管理通常靠人脑进行,因此不易维持稳定的一致性。因此,能够通过与实体设施相互对应的 3D BIM 模型来进行信息沟通与管理,不仅通过视觉便可直接地理解,而且若因任何设计变更而修改模型,也能自动反映到从 3D BIM 模型所对应产出的相关 2D 视图中,让建筑与土木工程行业脱离受限于 2D 工程制图工具的困境。

除了前述受限 2D 制图工具而产生的困境外,土木建筑行业一直缺乏能有效地进行事先演练工程作业的技术与工具,以便能通过事前的工作协调与校核,来消除冲突与错误,增加成功的机率及提升工作效率。建筑与土木工程通常牵涉多方的专业分工合作,工作人员一直通过 2D 视图与事前的会议来进行沟通协调与情境推演,但大家在各自脑海中的想象常常会有落差。在面对现代规模日益庞大的工程时,专业分工合作与工程信息管理都更为复杂与困难,对于能在数字虚拟空间中通过仿真的工程模拟来确保工程顺利进行的相关技术的需求越来越迫切。而 BIM 技术能善用数字虚拟空间,有着不受时空限制的优点,能有效地提供视觉化的工程事先模拟技术,且相关工具也日益成熟。而且 BIM 在数字空间中能够进行现实世界中不容易进行的多方案模拟,也能将这些模拟记录下来作为各方协议的证据,方便事后回顾,若收录于经验知识库中,也能给未来的工程项目提供参考并有利于教育培训。

近年来,随着全球气候变迁所带来的自然灾害挑战日益严峻,人们对可持续发展与节能减碳的议题也更加重视,这些都为建筑与土木工程带来许多新的挑战。例如,除了必须提升建造产业本身的生产力、能源使用效率、材料的回收再利用率外,也必须对建筑物进行建筑物理环境的模拟分析,并重视建筑设施的运作与维护管理,而这些都需要应用 3D BIM 模型与技术才能有效达成。尤其是建筑与土木工程的运维使用,少则数十年,多则百年以上,与仅需数年的设计及建造时间与资本投入相比,更显重要。因此,BIM 应用从一开始便着眼于如何打通建设项目生命周期信息管理的"任督二脉",让工程项目运营维护所需要的信息在设计与施工阶段便能有效地收集起来,以利于运维阶段能发挥功效,大幅提升设施使用与资产管理的效能与质量。

1.2　BIM 技术与应用的发展

与传统建筑和建造行业惯用的 CAD 技术相比,BIM 技术是一大飞跃,这主要是因为近年来相关的技术与时机都已成熟,BIM 技术的发展还是有其脉络可循的。

从技术面的发展来看,约 1970 年后期,计算机绘图技术开始发展,相关软件、硬件信息技术也以成倍数的速度成长;到了大约 1980 年后期,2D CAD 技术开始被应用于工程绘图,提升了绘图的效率与质量;之后,虽然 3D CAD 也开始被应用于计算机辅助建筑设计及工程成果的视觉化展现与动画,还有一些 4D CAD 技术的发展与应用,以及通过 3D CAD 与工程进程信息的结合进行建造工程模拟,然而工程界长期以来仍是以 2D 工程图为主要媒介来表达工程产品信息以及进行工程信息的沟通及整合。由于用 2D 视图来表达本是 3D 信息的实体工程有其先天限制,例如,在处理复杂的几何形状时不容易完整表达,且在面对变更设计时也不易确保 2D 工程图间信息的一致性等,使得建造产业的生产力与质量不易进一步提升。但是,就在大约同一个时期,机械制造业则从 2D CAD 走入 3D CAD,并进一步应用越来越成熟的基于物件的参数化建模(Object-based Parametric Modeling)与实体建模(Solid Modeling)等 3D 产品信息模型的建构技术。而这就是目前 BIM 建模技术的主要基础,在建造产业中看似新颖,其实在机械制造业中早已相当成熟。而近年来,人类在数字虚拟空间的仿真能力,在电影产业与游戏产业大量资金与技术的投入下,又有了突飞猛进的发展。这些技术被大量应用,使得相关软硬件技术与工具的成本及进入门槛越来越低,因此,在数字虚拟空间中通过 BIM 技术进行工程的仿真模拟,甚至搭配相关的虚拟现实(Virtual Reality,VR)、增强现实(Augmented Reality,AR)及混合现实(Mix Reality,MR)技术,这些技术在工程实际中的应用也越来越普及。

下面主要以 BIM 应用在全球几个重要国家与地区的发展为代表,来回顾 BIM 应用的萌芽、成长、茁壮、稳定发展等不同阶段。

位于北欧的芬兰,虽然人口不多(约 500 万人),建筑行业的规模也不大,但却是最早开始应用 BIM 等新技术于建筑行业的主要国家之一,也因此发展出相当成熟且具有竞争力的 BIM 软件应用工具,例如 Tekla(2012 年被美国的 Trimble 公司收购)。而芬兰对 BIM 的早期应用也为后来 BIM 技术的发展提供了很好的学习经验。

早期(20 世纪 90 年代)的 BIM 应用发展主要围绕建筑产品信息交换标准 IFC(Industry Foundation Class)的发展与应用上,当时主要由国际组织 International Alliance for Interoperability(IAI)在全球逐步推动。IAI 于 1994 年由美国 Autodesk 公司邀请数家业界公司共同成立,致力推动 IFC 成为应用软件间信息交换的开放标准,以提升不同 BIM 相关应用软件间的相互操作性,为后来的 BIM 应用发展打下了标准化基础。2005 年,IAI 更名为 buildingSmart 组织,目前仍是 BIM 应用领域发展及维护 Open BIM 开放标准的重要国际组织。

一直到 2000 年初期,为了与 CAD 有所区分,BIM 才被提出并逐渐开始流行。当时,美国的总务管理局(General Services Administration,GSA)注意到 BIM 技术可能可以为它负责的近万个公共物业设施管理带来效益,于是便与学校合作(如斯坦福大学),于 2003 年启动了 National 3D-4D-BIM Program 的 BIM 应用计划,并逐步发布 BIM 应用指引,开启了 BIM 技术在美国建筑产业的一阵导入与应用风潮。虽然 GSA 的带头应用对 BIM 的应用发展起到很大作用,也有其他政府机关加入,但它只是制订 GSA 自己所需要的规范,并未强力主导行业的 BIM 应用,而是以自由市场为原则,让行业自行根据市场供需来发展应用。然而,美国建造行业看到 BIM 可带来的效益,也逐步发展出自己的应用模式,并于 2007 年发布第一个国家 BIM 标准:NBIMS v1.0,随后又于 2012 年及 2015 年分别发布了第二版(NBIMS v2.0)及第三版(NBIMS v3.0),这些都是业界自发制订的参考标准,并非强制性的。

美国对 BIM 应用的发展逐渐推广到全世界,尤其是北美及亚洲。2009 年,英国政府成立产业工作小组(Industry Working Group)以研究 BIM 的潜在应用,并于 2011 年由英国内阁办公室发布了英国政府的五年 BIM 导入计划,在 2016 年要求其公共工程全面导入合作式 3D BIM(Collaborative 3D BIM)应用,由此正式开启英国建筑产业迈向 BIM 的序幕。刚开始时,很多人都不看好这个由政府主导的计划,但在英国政府与民间的通力合作下,推动全球 BIM 应用发展的引擎与全球的目光逐渐从美国移转到英国。由于是由政府主导,并与产学界来合作推动,所以英国不只强调 BIM 应用相关信息标准的应用,更强调 BIM 应用程序标准的建立,而在这段时间发展出来的标准也逐步发展成 ISO19650 国际标准,为全球的 BIM 应用制度奠定了良好基础。

英国在 BIM 应用上的推动成果,对欧洲的影响最直接。法国与德国分别于 2014 年与 2015 年启动 BIM 应用相关的数字转型推动计划。欧盟也成立了欧盟 BIM 工作小组(EU BIM Task Group),并于 2017 年发布了引导欧盟各国政府导入 BIM 的手册,开始推动欧盟全面导入 BIM 应用。

从《中国建筑业 BIM 应用分析报告(2021)》中可看出 BIM 技术的应用规模正在不断扩大:有 14.56% 的企业在项目中全部应用了 BIM 技术;17.55% 的企业在项目中应用 BIM 技术的比例超过 75%;19.19% 的企业在项目中应用 BIM 技术的比例超过 50%;18.51% 的企业在项目中应用 BIM 技术的比例超过 25%;25.36% 的企业在项目中应用 BIM 技术的比例低于 25%。与 2020 年相比,项目应用 BIM 技术的比例高于 25% 的企业均有增加,低于 25% 的企业占比大幅减少。

《中国建筑业 BIM 应用分析报告（2021）》还指出，从 BIM 应用的项目类型情况来看，BIM 应用主要集中在公用建筑和居住建筑类等房建项目中，其中有 85.15% 的企业在共享建筑项目中应用 BIM，68.37% 的企业在居住建筑项目中应用。值得注意的是，在基础设施建设和工业建筑中应用 BIM 的企业占比也都有大幅升高，分别占比 56.22% 和 43.2%（在 2020 年，这两组数据分别为 34.24% 和 27.75%）。

从上述全球 BIM 应用发展简介中不难看出，BIM 应用经过二十多年的发展，已经是一个不可逆转的全球趋势，也将成为全球建筑产业竞争力的基本门槛。

1.3　BIM 应用的挑战与机会

任何新技术的导入都要面临在观念、组织、制度、业务流程、技术应用、教育培训等各方面进行调整改变的挑战，更何况 BIM 技术的准入门槛比早期 CAD 技术的门槛又高很多。然而，挑战与机遇通常是一体两面的，克服挑战的同时也创造了新的可能性与机会，以下简要地列举一些 BIM 应用带来的挑战与机遇。

建筑工程方案的驱动主要是业主的需求与资金的投入，因此业主对 BIM 应用具有关键的影响力。但业主通常对 BIM 应用的了解有限，容易遵循传统思维来看待它，或硬将其套入传统工程作业流程中，甚至由于受到一些误导，在资源投入与准备不足的情况下保持着不切实际的期待，导致 BIM 应用的效能不仅无法完全发挥，反而产生不必要的额外成本与浪费。因此，如何让业主对 BIM 应用有一个正确的理解，能制定合理的应用需求与政策，重新分配生命周期各阶段的资源投入，并能重视设施运营维护的效益，仍是现今 BIM 应用的一大挑战。而与此挑战相对应的机遇则是建筑产业商业模式创新改变的契机，产业中专业间的透明度得以提高，专业间的分工合作及整合模式自然会有所变革，自动化的机会增加，能更有效地处理日益复杂的设施永续发展议题。

建筑产业是民生产业，其中有很大部分是公共工程建设。为了防止弊端，其发包采购制度在生命周期与供应链两个维度常被切割成数个尽可能独立且不甚透明的单元，造成专业责任与分工壁垒分明，增加了合作与整合的难度。而 BIM 技术强化了建筑工程虚实整合技术应用的能力，可在规划设计阶段，通过在数字化空间的仿真模拟能力，预先解决在施工及运维阶段可能遇到的问题。而在施工及运维阶段则希望通过虚实整合技术（如扩增实境技术）来设计施工，并能掌握充分正确的信息来执行设施的运维工作。因此，要能有效发挥 BIM 应用的功效，传统的发包采购制度必须有所调整，建筑工程参与者间的分工合作流程也必须有所变革。因牵涉层面广，所需的改变即使得到支持，也难以在短时间内完成。但是若这些改变挑战能逐一克服完成，应不难想象建筑产业会有脱胎换骨的新景象，在兼顾公众利益、产业创新与环境永续下，为年轻后代提供更优质且有发展前景的就业机会。

BIM 应用所需的相关技术与工具仍在持续快速发展，且已相当成熟，足以应用在建筑工程中，并逐渐被应用在桥梁、隧道等公共工程中。然而，软件工具的功能开发与专业应用需求间的落差难免存在，且通常需要一段时间通过不断地应用与回馈改进才能持平，且持续会有一些新的需求产生。因此，BIM 应用会在克服技术发展不足的挑战中持续精进，工程师必须发挥创造力解决技术问题，甚至自己动手开发工具。这个挑战会为建筑产业与信息产业带来创新动力与机会。

　　人才是产业发展的关键之一,BIM 应用自然面临人才培育的挑战。目前的学校教育虽已逐渐纳入一些 BIM 相关课程,但还称不上普及与充分,建筑相关专业的毕业生中还有多数没有掌握足够的 BIM 知识与技能。而在行业中,虽有一些短期的教育培训课程,但培训课时和深度是有限的。此外,BIM 教育需要与实践结合才能成功,例如,只会操作建模软件工具,但不具备足够的工程专业与实践知识与经验,所建立出来的 BIM 模型常不符合应用需求。因此,BIM 教育的产学界合作特别重要。另外,BIM 教育所需涵盖的对象也很广,包括业主方的主管与工程项目参与者、建筑企业的高层主管、建筑项目经理、工地主管、设计单位的主管与工程师、尚无工作经验的在校学生等,都需要设计不同的教材与课程,也需要足够的时间培养。因此,如何在 BIM 应用进入快速发展阶段前将所需的人才准备好,才不会限制 BIM 应用发展,是一个需要及早并严肃面对的挑战,也是 BIM 应用发展能否成功的重要关键。此挑战也有机会带动学校建筑工程相关教育的变革,满足建筑产业进入 BIM 时代的需求。

BIM 实施规划

2.1 BIM 实施规划概述

2.1.1 BIM 实施规划的意义

BIM 实施规划是指导业主实施 BIM 的纲领性文件。在实施 BIM 项目之前,为保证 BIM 项目的顺利进行,需要有一个 BIM 整体战略和规划来帮助项目相关方合理确定 BIM 目标,设计 BIM 实施路线,识别 BIM 执行风险并设定预案,实现 BIM 项目的效益最大化。

通过在建设初期确立 BIM 应用目标,制订工程 BIM 技术实施规划,综合考虑项目特点,遵循 BIM 标准、资源分配、目标导向、应用架构的逻辑化规则,建立适度可控和统筹管理的 BIM 技术工作框架,能够得到一个对项目甚至企业来说性价比最优的 BIM 实施方案。

因此,通过制订 BIM 实施规划,一方面,对企业来说,可以获得较高的管理收益。通过提前规划 BIM 实施方案,能够对工程实现精细化控制,获得一定的经济收益,并且对于品牌提升和市场开拓也有重大影响。另一方面,对实施 BIM 技术的项目来说,可以提高不同参与方之间的协同配合度,在一定程度上可以提高施工效率,提升 BIM 实施的技术标准和技术能力,改善项目质量,而且通过 BIM 技术方案提前规划好实现精细化施工,还可以减少项目成本。

2.1.2 BIM 实施规划的类型

BIM 实施规划按照管理组织差异可以分为企业级 BIM 实施规划和项目级 BIM 实施规划两个类别。

1) 企业级 BIM 实施规划

企业级 BIM 实施规划是围绕企业发展战略,对企业业务活动范围内 BIM 实施相关的资源管理、实施流程和交付物进行统一的管理和系统集成,为企业基于 BIM 的规范化资源组织、设计生产、经营管理提供相应的支撑。

2）项目级 BIM 实施规划

项目级 BIM 实施规划是根据工程建设前期工作需求，分析行业发展、BIM 资源、技术难点、组织管理、流程设计等多方面要素与内涵，提出项目 BIM 实施的总体框架与实施内容。

3）二者的联系与差异

项目级 BIM 实施规划与企业级 BIM 实施规划的联系主要体现在：项目级 BIM 实施规划是企业级 BIM 实施规划的子集和细化；企业级 BIM 实施规划往往要建立在一定数量的 BIM 项目实践和总结经验之上，结合企业的整体规划，扩展到企业整体的资源管理、业务组织和流程再造的全过程中。

通过分析项目级 BIM 实施方案与企业级 BIM 实施方案，可以发现，二者在实现目标、管理范围、交付标准和分配机制等方面有着明显的不同。

①实现目标不同。项目级 BIM 实施规划的目标是完成项目的 BIM 要求，关注于技术的实现和突破；企业级 BIM 实施规划的目标是 BIM 技术实现企业的长期战略规划，整体提升企业的综合竞争力。

②管理范围不同。项目级 BIM 实施规划的管理重点在于项目的有效执行和目标实现；企业级 BIM 实施规划的管理重点在于制定本企业的 BIM 质量管理体系和有效控制。

③交付标准不同。项目级 BIM 实施规划的交付标准侧重于完成合同或协议所规定的项目交付成果；企业级 BIM 实施规划的交付标准侧重于对企业设计成果整体质量的把控，以及项目应用成果到企业知识资产之间的转化，特别强调其设计资源重复使用率的提升。

④分配机制不同。目前，项目级 BIM 实施规划遵循的基本是企业传统的价值分配机制，如考核机制、奖励机制等；未来，企业级 BIM 实施规划需要根据 BIM 带来的价值变化，重新建立企业的价值分配体系。

2.1.3　BIM 实施规划的基本要素

虽然 BIM 实施方法已经得到了快速普及，但是 BIM 实施规划的内容目前并没有统一的体系。buildingSMART 联盟编写的 *BIM Project Execution Planning Guide* V2.1，提出 BIM 实施规划的基本要素包括 11 个部分，详见表 2.1。

表 2.1　BIM 实施规划的基本要素

序　号	基本要素
1	Project BIM Goals / BIM Uses
2	Organizational Roles and Staffing
3	BIM Process Design
4	BIM Information Exchanges
5	BIM and Facility Data Requirements
6	Collaboration Procedures
7	Quality Control
8	Technology Infrastructure Needs
9	Model Structure
10	Project Deliverables
11	Delivery Strategy / Contract

根据实际现状,BIM 实施规划的基本要素主要包括以下 5 个方面:

1)应用目标

BIM 应用目标是指通过运用 BIM 技术为项目带来的预期效益,一般分为总体目标和阶段性目标。BIM 总体目标是指项目全生命周期内所要达到的预期目标,如成本目标、质量目标、工期进度目标等。BIM 的阶段性目标是在设计、施工、运维的各个阶段制订的 BIM 实施目标。

2)技术规格

BIM 技术规格是指 BIM 项目基础设施需求,主要包括模型范围与详细程度、硬件、软件平台、软件许可证、网络等内容。

3)组织计划

BIM 组织计划是指为保证 BIM 工程项目的良好开展,制定的项目有关人员的职位设置框架。通常包括 4 个方面的内容:角色和职责安排、人员管理计划、组织工作流程和有关说明。

4)成果交付

项目建设前期,项目团队应该考虑项目所有者需要哪些交付物。对于可交付的项目阶段,应考虑到期日期格式和关于可交付内容的任何其他特定信息。广义的 BIM 成果交付主要包括 BIM 交付物的内容和深度、文件格式、模型审查规范等一系列内容。

5)保障措施

项目实施的保障措施是在 BIM 项目实施过程中,保证项目顺利进行而制定的保障性措施,主要包括质量控制、协同管理、合同管理、组织管理等方面。

2.2　BIM 实施规划的内容

2.2.1　BIM 技术应用目标

BIM 实施规划过程中最重要的步骤之一是通过定义 BIM 实施的总体目标,明确定义 BIM 对项目和项目团队成员的潜在价值。这些目标可以基于项目绩效,包括诸如缩短进度持续时间,实现更高的现场生产率,提高质量,降低变更成本或获取设施的重要运营数据等。目标也可能涉及提升项目团队成员的能力,例如,业主可能希望将项目用作试点项目,以说明设计、施工和运营之间的信息交换,或者设计公司可能寻求获得经验。一旦团队从项目角度和公司角度定义了可衡量的目标,就可以确定项目中的特定 BIM 用途。

简单来说,BIM 的应用目标就是 BIM 技术能够给项目带来的预期收益,可分为总体目标和阶段性目标。BIM 技术的总体应用目标是包含了项目全生命周期内预期达到的目标,包括成本、质量、进度三大传统项目目标以及辅助进行合同、安全、风险管理和组织协调的目标。BIM 技术的实施始终以提升企业效益、提升项目效率为核心目的,其基本思想和内涵与传统项目管理是相通的。BIM 的诸多应用点组合可以实现项目的九大管理目标(范围管理、进度把控、成本控制、质量把控、人力资源管理、采购资质、风险管理、沟通管理、集成管理)。从三大传统的项目管理目标来看,BIM 的总体目标是提高效率、降低成本、提升质量。此外,考虑到 BIM 技术在绿色建筑、精益建造、项目管理智能化和集约化方面也具有应用价值,这也可作为企业应用 BIM 的总体目标之一。表 2.2 所示为 BIM 技术的总体应用目标。

表 2.2　BIM 技术的总体应用目标

BIM 应用对项目的价值	BIM 的应用目标
降低成本	基于 BIM 模型信息,通过辅助工程算量,减少业主变更成本
提升质量	通过设计可视化、碰撞检测、管线综合、方案比选、辅助监理进行质量监督,提升项目质量
提高效率	基于 BIM 模型信息,结合施工计划或局部施工,对项目进程通过可视化的方式进行进度模拟,提升质量,减少变更,搭建 BIM 协同平台,加快信息流转与追溯,辅助现场管理以提高施工效率
其他	基于 BIM 模型信息,通过日照、节能、环境影响等性能仿真分析,为项目整体性能参数提升提供可靠保障

从项目实施的各阶段来看,BIM 技术应用目标与基本应用点相结合,以工作内容为区分,贯穿建设工程项目的全生命周期,表 2.3 所示为各阶段的 BIM 技术基本应用目标。

表 2.3　项目各阶段的 BIM 技术基本应用目标

阶段划分	阶段描述及目标	BIM 应用
方案设计阶段	主要为建筑后续设计提供指导文件。主要工作包括:根据设计条件,建立设计目标与设计环境的基本关系,提出空间建构设想、结构形式、创意表达方式等初步方案	场地分析;可视化、景观分析、日照分析、噪声分析、通风分析、热工分析等建筑环境模拟分析;设计方案比选
初步设计阶段	主要是通过深化方案设计,论证工程项目的技术可行性和经济合理性。主要工作包括:拟定设计原则、设计标准、设计方案和重大技术问题以及基础形式。详细考虑和研究建筑、结构、给排水、暖通、电气等各专业的设计方案,协调各专业设计的技术矛盾,并合理地确定技术经济指标	建筑、结构专业建模;建筑结构平面图、立面图、剖面图检查;面积明细表统计;结构分析
施工图设计阶段	主要为施工、工程预算、设备构件安放、制作等过程提供完整详细的模型和依据,以指导施工。主要内容包括:根据已批准的设计方案编制可指导施工和安装的设计文件,明确施工中的技术措施、工艺做法、材料使用明细等	各专业详细模型;碰撞检测及三维管线综合;净空检测及优化;虚拟漫游

阶段划分	阶段描述及目标	BIM 应用
招投标阶段	主要选择各承包商进行施工安装。主要内容包括:(业主方)工程量统计、工程量清单编制、招标控制价编制;(承包方)投标报价等	工程量清单编制;招标控制价;投标报价
施工阶段	主要目标是完成合同规定的全部施工安装任务,以达到验收、交付的要求。主要工作包括:施工准备,项目建造,同时统筹调度、监控施工现场的人、材、机等施工资源	施工方案优化;4D 施工模拟;施工质量和安全管理;虚拟进度和实际进度对比;施工资源配置;造价控制;设备安装;竣工模型构建
运营阶段	主要目的是管理设备设施,保证建筑功能及性能满足正常使用的要求	建筑设备运行管理;维修更换;协同维护;应急管理;运营战略规划;空间管理;资产管理;项目改造决策等
改造拆除阶段	主要为项目的改造和拆除提供数据基础。主要工作包括:建筑拆除和建筑垃圾的回收处理	项目优化改造;可持续处理;合理拆除等

美国的 buildingSMART 联盟以某实验室工程项目为例,从 BIM 技术的总体应用目标的角度列举出项目中可能的 BIM 技术应用,并对目标的重要程度进行排序,以优先级表示,1级表示优先级最高,2级次之,3级表示最低,详见表2.4。

表2.4 某实验室建设项目的 BIM 应用目标

优先级	BIM 目标	可能的 BIM 应用
2	提升现场生产效率	设计审查、3D 协调
3	提升设计效率	设计建模、设计审查、3D 协调
1	为物业运营准备精确的 3D 记录模型	记录模型、3D 协调
1	提升可持续目标效率	工程分析、LEED 评估
2	施工进度跟踪	4D 模型
3	定义与阶段相关的问题	4D 模型
1	审计设计进度	设计审查
1	快速评估设计变更引起的造价变化	成本预算
3	消除现场冲突	3D 协调

中国香港则从项目各阶段应用目标的角度规定了项目规划阶段、设计阶段以及施工阶段强制或建议的 BIM 应用点,如表2.5所示。其中,O 表示在各阶段可供建设方选择的 BIM应用,M 表示在各阶段强制应用的 BIM 应用。

表 2.5　中国香港 BIM 技术应用

序　号	BIM 应用	调查、可研及规划阶段	设计阶段	施工阶段
1	设计	O	M	M
2	设计评价	O	M	M
3	建模	O	O	M
4	场地分析	O	M	—
5	3D 协调	—	M	M
6	成本估算	O	O	O
7	工程分析	—	O	O
8	能源分析	—	O	O
9	可持续性评估	O	O	O
10	空间分析	O	O	—
11	进度计划(4D)	—	O	M
12	虚拟施工	—	O	—
13	场地布置	—	—	O
14	3D 控制与规划	—	—	O
15	竣工模型	—	—	M
16	项目系统分析	—	—	O
17	设备维护计划	—	—	O
18	空间管理与跟踪	—	—	O
19	资产管理	—	—	O
20	出图	—	M	M

　　项目 BIM 技术应用目标的设定直接影响 BIM 技术应用的效果,因此在项目工作开展之前,应依据项目的特点、规模、参建各方的能力及需求,明确 BIM 技术总体的应用目标以及各阶段的 BIM 技术应用特点。

2.2.2　BIM 技术的标准制定

　　硬件、软件以及实施标准是实现 BIM 技术的三大支撑。BIM 技术的应用涉及建设项目全寿命周期的各阶段和众多参与方,要想通过 BIM 达到协同设计、技术集成与信息共享等目的,就必须制定一套完整的 BIM 相关标准来明确界定和规范操作。目前,国际上 BIM 标准主要划分为两类:一类是由国际 ISO 组织认证的国际标准,具有普适性;另一类是各个国家或地区根据其国情、地情、经济、建设情况以及 BIM 实施情况制定的国家或地方标准,具有一定的针对性。

1）国际标准

由 ISO 组织认证的国际标准主要分为 3 类：工业基础类 IFC（Industry Foundation Class）、信息交付手册 IDM（Information Delivery Manual）及国际字典框架 IFD（International Framework for Dictionaries）。

（1）工业基础类 IFC

IFC 标准是由国际协同产业联盟 IAI 发布的面向建筑工程数据处理、收集与交换的国际标准。IFC 标准解决了 CAD 图纸上所表达的信息计算机无法识别的问题，是一个计算机可以处理的建筑数据表示和交换标准。IFC 模型包括整个建筑全生命周期内各方面的信息，其目的是支持用于建筑的设计、施工和运行等各阶段中各种特定软件的协同工作。IFC 标准是连接各种不同软件之间的桥梁，很好地解决了项目各参与方、各阶段间的信息传递和交换问题。当建设工程项目同时运用多个软件时，可能存在软件之间的数据不能相互兼容，导致数据无法交换、信息无法共享等问题，而 IFC 标准最大程度地解决了数据交换和信息共享问题，从而节约了劳动力和设计成本。

（2）信息交付手册 IDM

随着技术的不断发展，信息共享和数据传递的完整性、协调性成为 BIM 发展的新要求，IFC 标准已无法解决此类问题，因此还需构建一套能够将项目指定阶段信息需求进行明确定义以及将工作流程标准化的标准——IDM 标准。IDM 标准的制定旨在将收集到的信息进行标准化，然后提供给软件商，最终实现与 IFC 标准的映射，且 IDM 标准能够降低工程项目过程中信息传递的失真性以及提高信息传递与共享的质量，这使得 IDM 标准在 BIM 技术运用过程中创造了巨大价值。

（3）国际字典框架 IFD

随着全球化进程的加快，跨国企业及跨区域项目不断增多，而不同的国家及地区间有着不同的文化背景及语言差异，对同一事物有不同的称呼或者解释，这就对软件间的信息交换造成阻碍。若仅有 IFC 和 IDM 标准，则不能解决全球文化背景差异下的数据交换问题，不足以支撑 BIM 在工程全生命周期标准化的要求，还需一个能够在信息交换过程中提供无偏差信息的字典——IFD 标准。IFD 标准采用了概念和名称或描述分开的方法，类似于身份证号码，给每一个概念定义了一个全球唯一的标识码 GUID（Global Unique Identifier），不同国家、地区、语言的名称和描述与这个标识码对应，解决了由于全球语言文化差异给 BIM 标准带来的难以统一定义信息的困难。当遇到文化差异导致的信息交流障碍时，可以通过对应的标识码找到所需的信息，以确保每一位用户得到的信息准确、一致。

2）国家标准

ISO 所发布的 BIM 相关标准，是立足于国际视野下发布的适用于大多数国家地区建设领域的 BIM 标准，普适性较强但针对性较弱。由于各个国家的基本国情不同，美国、英国、挪威、芬兰、日本、澳大利亚等国开始陆续发布符合本国基本国情的 BIM 实施标准，以针对性地指导各国 BIM 技术的实际应用。

BIM 技术最早源于美国，美国在 BIM 相关标准制定方面具有一定的先进性和成熟性。美国的 BIM 标准由美国国家建筑科学院颁布，内容较为全面，在全球范围内影响力较大。2007 年，美国发布了依据 IFC 系列标准制定的第一版 NBIMS。2012 年发布了第二版 BIM 标准,对第一版中的 BIM 参考标准、信息交换标准与指南和应用进行了大量补充和修订。2015年发布 NBIMS 标准第三版,基于第二版进行了扩展和深化。美国的国家标准包括 3 部分内容:引用标准、信息交换标准和应用实施标准,见表 2.6。前两类标准主要面向软件开发人员,应用实施标准则面向工程建设人员,指导 BIM 技术在工程项目中的实践应用。

表 2.6　美国 NBIMS 标准的主要内容

标　准	主要内容	面向对象
引用标准	列出了数据字典、数据结构以及基于 Web 的数据交换结构标准。包括 IFC 标准、WC3XML 数据标准、Omni-Class 编码标准、IFD/BSDD 数据字典、BCF 建筑信息模型协同格式、LOD 建筑信息模型精细度等级及美国国家 CAD 标准	软件开发人员
信息交换标准	定义了不同工程阶段、不同专业之间的数据交换内容。包括建筑施工运营信息交换标准(COBie),设计与空间规划验证、设计与建筑能耗分析、设计与工程量统计等之间的信息交换标准,建筑规划信息交换标准(BPie),电气(SPARKie)、暖通空调(HAVCie)、水系统(WSie)等方面的信息交换标准	软件开发人员
应用实施标准	指导 BIM 技术的实践应用,包括 BIM 执行计划指南和 BIM 执行计划内容、机电安装协调要求、设备运营规划指南等内容	工程建设人员

　　英国的 BIM 技术在政府的强制推广下发展最为迅速,英国在 2009 年发布了 *AEC(UK) BIM Standard* 系列标准,包括项目执行标准、协同工作标准、模型标准、二维出图标准、参考等 5 部分,该标准是一部 BIM 通用标准,但面向对象仅为设计企业。之后,英国于 2011 年 6 月和 9 月分别发布了基于 Revit 和 Bentley 平台的 BIM 标准,与其他标准相比,这些标准与软件结合紧密,重点在操作层面给予指导,例如文档的管理、模型的命名和拆分要求、模型样式等。

　　澳洲工程创新合作研究中心于 2009 年 7 月发布标准《国家数码模型指南和案例》,标准由 BIM 概况、关键区域模型的创建方法和虚拟仿真的步骤及案例 3 部分组成,以指导和推广 BIM 在建筑各阶段(规划、设计、施工、设施管理)的全流程应用。

　　新加坡是亚洲较早开始制定 BIM 标准的国家,于 2008 年制定了第一版 BIM 标准:BIM e-Submission Guideline,用于指导 BIM 应用。于 2016 年发布了新版 BIM 指南,参考了大量其他国家、地区、行业及软件公司的 BIM 标准,包括 BIM 说明书和 BIM 建模及协作流程两部分。该指南将一个项目分为概念设计、初步设计、深化设计、施工、竣工及设施管理 6 个阶段,在 BIM 说明书部分明确了每个阶段的 BIM 应用和可交付成果,对交付成果中的各专业构件进行了定义;在 BIM 建模及协作流程部分,将工作流程划分为单专业建模、多专业模型协调、生产模型与文件、归档 4 个步骤,另外对 BIM 模型的质量控制也进行了要求。

　　日本在 2012 年由 JIA(Japanese Institute Architects)发布了从设计师角度出发的 JIA BIM 导则,明确了 BIM 组织机构以及人员职责要求,对企业 BIM 组织机构建设、BIM 数据的版权与质量控制、BIM建模规则、专业应用切入点以及交付成果做了详细指导。

从上述发布的较为成熟的BIM应用标准来看,美国BIM标准相对来说是最全面的,可以对软件开发方和应用方进行指导,但标准更多的是原则上的指导,未发展到实际操作层面;其他国家的BIM应用标准则大多数面向设计企业,如英国基于软件制定的标准虽具有较强的操作性,但仅限于设计阶段的建模工作。

3)中国国家BIM标准

为了推动BIM标准的建立,中国政府及众多高校、企业等开始投入BIM的研究与应用中,借鉴国际BIM标准、其他国家BIM实施标准,同时基于建筑行业的规范等,进行中国BIM技术应用标准的制定。中国国家建筑信息模型(BIM)产业技术创新战略联盟(简称"中国BIM发展联盟")提出了P-BIM,设立"中国BIM标准研究项目",首先开展专业BIM技术和标准的研究,然后集成专业BIM,在此基础上形成阶段BIM(包括工程规划、勘察与设计、施工、运营阶段),最后连通各阶段BIM,从而形成项目全生命周期的BIM。

在研究项目的支持下,住房和城乡建设部于2012年和2013年共发布了6项国家级BIM标准制定项目,分为3个层次,统一标准1项,基础标准2项,执行标准3项,如表2.7所示。

表2.7 中国国家BIM标准体系

标准层次	标准名称	实施时间	标准内容要点
统一标准	《建筑信息模型应用统一标准》(GB/T 51212—2016)	2017.7.1	对建筑信息模型在工程项目全寿命周期的各个阶段建立、共享和应用进行统一规定,包括模型的数据要求、模型的交换及共享要求、模型的应用要求、项目或企业具体实施的其他要求等
基础标准	《建筑信息模型分类和编码标准》(GB/T 51268—2017)	2018.5.1	该标准与IFD关联,基于OmniClass,面向建筑工程领域,规定了各类信息(建设资源、建设行为、建设成果)的分类方式和编码办法
基础标准	《建筑工程信息模型存储标准》	—	标准正在编制中,基于IFC,针对建筑工程对象的数据描述架构(Schema)做出规定,以一定的数据格式进行存储和数据交换
执行标准	《建筑信息模型设计交付标准》(GB/T 51301—2018)	2019.6.1	标准含有IDM部分概念,也包括设计应用方法。规定了交付准备、交付物、交付协同3方面的内容,包括基本架构(单元化)、模型精细度(LOD)、几何表达精度(Gx)、信息深度(Nx)、交付物、表达方法、协同要求等
执行标准	《制造工业工程设计信息模型应用标准》	—	主要参考国际IDM标准,面向制造业工厂,规定了在设计、施工运维等各阶段BIM具体应用,内容包括该领域的BIM设计标准、模型命名规则,数据交换,单元模型拆分规则,模型简化方法,交付与精细度要求等
执行标准	《建筑信息模型施工应用标准》(GB/T 51235—2017)	2018.1.1	规定在施工过程中如何应用BIM完成施工模型信息的交付,包括深化设计、施工模拟、预加工、进度管理、成本管理等

4)地方 BIM 标准

在中国推进 BIM 技术实施的背景下,国内各省市也陆续出台相关的 BIM 技术标准和实施指南。北京于 2014 年推出首个地方 BIM 应用标准《民用建筑信息模型设计标准》(DB 11/1063—2014),内容主要包括 BIM 基本概念及定义、BIM 的资源要求、模型深度要求、交付要求。该标准面向北京市民用设计单位,旨在使北京市民用设计单位可依据标准中的适用原则和基础标准制定出企业自身的 BIM 标准。上海市于 2015 年提出了《上海市建筑信息模型技术应用指南(2015 版)》,于 2017 年进行了修订,针对设计、施工和运维阶段的 23 个 BIM 技术基本应用,描述了应用的意义、数据准备、操作流程、建模深度及应用成果,增加了预制装配式混凝土 BIM 技术应用以及基于 BIM 的协同管理平台实施指南,为企业 BIM 技术的应用提供了更好的指导和参考。深圳市在 2015 年颁布了《深圳市建筑工务署政府公共工程 BIM 应用实施纲要》以及《实施管理标准》,是中国首个政府公共工程 BIM 实施纲要和标准,主要面向业主方,旨在规范及流程化业主方建设工程项目的 BIM 应用,为业主方 BIM 应用提供指导依据。另外,天津、贵州、福建、安徽也相继颁布了 BIM 技术应用指南及标准。

此外,在施行 BIM 政策标准的同时,各行业也在推进相关的 BIM 技术应用,例如市政工程、轨道交通及铁路工程等,这些领域的工程项目更加复杂,对 BIM 技术的要求更高,需要针对性的 BIM 标准。中国勘察设计协会市政工程设计分会在 2014 年 10 月组织编写《中国市政行业 BIM 实施指南(2015 版)》,以设计人员为对象,考虑规划和设计两个阶段,对给水、排水、桥梁、道路 4 个子行业针对性地出台了市政设计行业 BIM 实施指南,从资源、行为、交付、管理 4 个方面展开,旨在提高市政设计行业设计效率和设计质量。上海市发布的市政工程行业《市政道路桥梁信息模型应用标准》《市政给排水信息模型应用标准》,申通集团发布的城市轨道交通相关 BIM 标准均是针对不同领域制定的标准。

5)建设工程项目 BIM 实施标准

从 BIM 技术实施标准理论体系来看,无论是企业级还是项目级的 BIM 实施标准,均包含三大类别:BIM 资源标准、BIM 行为标准、BIM 交付标准。资源标准是指在项目实施过程中环境、人力和信息等生产要素的总和,包括 BIM 技术所需的软件及硬件条件、各阶段技术和管理人员配置及实施过程中积累并经过标准化的数据库等。行为标准是指 BIM 实施过程中相关的过程组织和控制,包括实施流程、业务活动以及协同工作等内容。交付标准则是 BIM 技术交付物所需要依照的规定,包括模型内容、深度及文件格式等内容。

综合来看,项目级 BIM 技术的实施也需要遵循一定的标准和规定,以便整合各阶段各参与方的信息,其实施标准至少包括:

①BIM 实施组织机构:明确 BIM 实施相关方,确定项目各参与方的要求和职责。

②模型建模标准:明确模型的项目度量单位及坐标,为各专业各方模型定义统一的通用坐标系,选择合适的参考点作为统一坐标原点。

③建模深度:定义各阶段 BIM 应用所需的 BIM 建模精度,表 2.8 所示为 AIA 制定的各阶段 BIM 模型深度要求。

表2.8 BIM各阶段建模深度要求

深度级数	阶段	描述
LOD100 概念性	方案设计阶段	具备基本形状、粗略的尺寸和形状,包括非几何数据,仅线、面积、位置。周边地形范围为到红线外50～60 m
LOD200 近似几何	初步设计阶段	近似几何尺寸、形状和方向,能够反应物体本身大致的几何特性。主要外观尺寸不得变更,细部尺寸可调整,构件宜包含几何尺寸、材质、产品信息(例如电压、功率)等
LOD300 精确几何	施工图设计阶段	物体主要组成部分必须在几何上表述准确,能够反映物体的实际外形,保证不会在施工模拟和碰撞检查中产生错误判断,构件应包含几何尺寸、材质、产品信息(例如电压、功率)等。模型包含信息量与施工图设计完成时的CAD图纸上的信息量应该保持一致
LOD400 加工制造	施工阶段	详细的模型实体,最终确定模型尺寸,能够根据该模型进行构件的加工制造,构件除包括几何尺寸、材质、产品信息外,还应附加模型的施工信息,包括生产、运输、安装等方面
LOD500 竣工	竣工提交阶段	除最终确定的模型尺寸外,还应包括其他竣工资料提交时所需的信息

④模型拆分:确定模型拆分标准,一般由各专业独立进行,综合考虑工程区域、标高、专业完整性和计算机配置,表2.9所示为模型拆分示意。

表2.9 模型拆分示意

序号	专业	模型拆分规则
1	建筑	按建筑、楼号、施工缝、结构功能分为一个单体、一个楼层或多个楼层
2	结构	按建筑、楼号、施工缝、结构功能分为一个单体、一个楼层或多个楼层
3	机电	参照建筑专业拆分方式,根据系统、分系统可进一步细化

⑤命名规则:定义命名规则,确定统一的文档、模型、交付物等命名方法,图2.1与表2.10所示为文件命名规则、构件命名规则的示意。

示例: "设计\施工\竣工阶段"模型文件命名格式:DS-CP-F-M

D	S	C	P	F	M
工程编号	子项编号	阶段	专业	楼层	描述

图2.1 文档命名规则示意

其中,D取设计合同号后4位;S表示子项编号,取1位字母及1位数字,无子项时,字符为XX;C取设计阶段、施工阶段、竣工阶段;P取总图、建筑、结构、给排水、强弱电等专业;F为楼层,各阶段应保持一致;M为文件的扩展性描述,用于解释或描述所包含的数据。

表 2.10　构件命名规则示意

专　业	构建分类	命名原则	示　例
建筑	墙体 楼、地面板 屋面板	墙类型名-墙厚 楼板类型名-板厚 屋面板-板厚	内部砌块墙-150 楼板-100 屋面板-150
结构	柱 梁 墙	柱类型名-尺寸 梁类型名-尺寸 墙类型名-墙厚	混凝土框架柱-800×800 混凝土梁-600×300 剪力墙-300
机电	风管 水管 桥架	风管类型 管道材质 桥架类型-系统	矩形镀锌风管 热镀锌钢管 CT-普通强电

⑥颜色标识:确定统一的色彩规则。色彩的差异有助于区分项目不同的功能系统,例如在机电工程设计中,定义不同的色彩以区分不同系统的管道,便于后续的碰撞检查及深化设计工作。

⑦文档存储规则:确定统一的文档内容、存储形式及存储结构。项目过程中的文件大致可以分为依据文件、过程文件以及成果文件三类。依据文件主要包括设计条件、过程变更指令、相关政策法规、标准及合同等;过程文件主要是会议纪要及参建各方往来函件;成果文件为 BIM 模型及应用成果文件。文档架构可在这三类文件的基础上细化完成。

⑧交付规则:确定交付时间、交付成果以及交付形式的要求。

⑨协作流程:明确设计变更、模型审核、成果提交、模型深化等工作的协作流程。

⑩软硬件系统规则:明确各阶段各专业人员使用的 BIM 软件可兼容性、数据可交换性、软件版本一致性等,合理配置硬件系统,考虑 BIM 协同平台的功能及部署要求。

⑪模型分类:划分各参建方的 BIM 模型应用工作面。

⑫实施计划:明确项目 BIM 技术应用的内容及相关方工作的时间节点。

2.2.3　BIM 应用的软件及硬件系统

BIM 技术应用的载体是软件,在项目建设的早期阶段,各参建方需要选择合适的软件及其版本,以满足 BIM 技术的应用目标。而硬件系统作为软件运行的必要条件,能否支撑 BIM 的应用是参建方须提前考虑的问题。BIM 相关的软件大体由建模软件、专业分析软件和需要二次开发的软件 3 类构成。目前市场上可供选择的 BIM 软件种类众多,各具特色。硬件环境包括图形工作站、数据中心以及服务器等。需要根据项目的具体情况,选择合适的 BIM 工具。在软件及硬件的采购和选择上,应秉持实用性原则,兼顾功能性和经济性要求。

1)软件方案

BIM 软件应根据具体项目 BIM 技术实施的目标来选择。随着 BIM 技术的发展,为应对工程上可能产生的情况,软件开发商也开始开发各种不同的 BIM 应用软件,以适用于不同建筑生命周期阶段或领域功能。表 2.11 汇总了目前市场上常用的 BIM 应用软件及其用途,各参建方应依据项目的特点以及各阶段 BIM 技术实施的目标选择合适的软件及版本。需要特别注意的是,在选择多种软件应用时,需充分考虑软件的易用性、适用性以及数据交换共享的能力。

表 2.11　目前市场上常用的 BIM 软件

类　别	用　途	应用软件
设计类	几何造型软件	Sketchup、Rhino、Bentley Generative Components、Form-Z
	核心建模软件	Revit Architecture、Bentley Architecture、ArchiCAD、Digital Project
	结构设计软件	ETABS、SAP、STAAD（Bentley）、Robot（Autodesk）、SIMULIA（Dassault）、PKPM
	节能分析软件	Echotect、IES、Green Building Studio、Energy Plus PKPM 节能、斯维尔节能
	MEP 分析软件	Revit MEP、Bentley Building Mechanical Systems、Bentley Building Electrical System、Autodesk Fabrication CAMduct、MagiCAD、鸿业、天正
施工管理类	造价软件	Innovaya Visual Estimating、Solibri、USCostSuccess Design Exchange、Winest、VicoTakeoff（Vico Takeoff Manager、Vico Cost Planner）、鲁班、广联达、斯维尔
	深化设计软件	Tekla Structure（Tekla Structure 10.0 版本以前,软件名为 Xsteel）、Prosteel、SDS/2
	虚拟施工软件	Naviswork、Navigator、ConstructSim、Trimble Vico office、Synchro professional、Trimble Meridian Vico office
运维管理类	运营管理软件	Autodesk FMDesktop、ArchiBus、Bentley Facility Manager
协同管理类	协作平台软件	Bentley ProjectWise、Autodesk Vault、CDMS、PKPM-PW、鸿业 BIMSpace、鲁班 BIM 系统、广联达 BIM 5D、Buzzsaw、Constructware、BIMx、BIM 360Glue、BIM server

　　BIM 技术的应用不是一个软件或一类软件的事,而是涉及不同专业不同类别的多种软件,因此只有全生命周期的协同应用才能最大程度地发挥 BIM 技术的应用价值。理论上,BIM 软件可以通过 IFC 进行信息传递和协同,但研究表明 IFC 在 BIM 软件的导入导出过程中会出现信息缺失、错误等问题,影响 BIM 软件的协同应用。目前,BIM 软件协作流程尚不明确,对软件及软件的协作性能及软件质量缺乏客观评价,BIM 软件选择较盲目,容易导致软件使用过程中协作不畅,造成信息损失,并且导致软件应用成本和效果等难以控制。

　　BIM 技术应用的关键是建筑物的信息在整个建筑过程中的共享和转化,参建各方通过使用不同的软件在建筑信息模型中提取和添加自己需要的属性和信息,从而实现有效管理。由于参建方众多,文件的格式多样,信息在多次传递过程中需要保证其准确性、完整性及时效性。在这种背景下,BIM 协同管理平台起到了重要作用。2015 年,住建部发布的《关于推进建筑信息模型应用的指导意见》指出"建立多参与方、多阶段的 BIM 数据管理平台,为各阶段的 BIM 应用及各参建方的数据交换提供一体化信息平台支持"。各省市在推进 BIM 技术应用的相关文件中也指出 BIM 协同平台的重要性。例如,《上海市建筑信息模型技术应用指南(2017 版)》指出"全面考虑工程建设信息的管理,依托现代信息技术建立各建设方、各管理层次、全员实时参与、信息共享、相互协作的一体化的协同管理平台,则是势在必行之举"。相较于2015版指南,2017版增加了BIM技术的协同管理平台实施指南,强调了BIM技术的协同工作价值。《深圳市建筑工务署BIM实施管理标准(2015版)》强调"在BIM协同工作中,通过公用的BIM协同平台确保BIM模型数据的统一性与准确性"。

基于工具的软件协同主要是模型信息的互用,但并不是所有的项目信息都是以模型的方式表达的,这些信息需要通过管理平台进行存储和传递,建筑全过程需要通过公共的交流平台进行。协调管理平台应具有良好的兼容性,并具备质量、安全、进度管理功能,还能进行成本的匹配和施工进度的模拟,实现数据和信息共享。因此,BIM协同平台应满足以下功能需求:

(1)多渠道的数据集成管理

随着建筑业的不断发展,建筑项目越来越复杂,参与项目的部门和技术人员也在不断增加,而各参建方在应用BIM技术时,均会创建及管理各自的BIM模型信息,依靠传统点对点的信息传递方式,信息孤岛、信息丢失问题严重,且多方信息互用困难、工作效率低、工作内容重复。因此,能够集成多方多渠道的BIM模型信息,便于各参建方即时进行信息交流,是BIM协同平台的基本功能。

(2)多格式的文件集成管理

建设项目在各阶段BIM技术应用目标不同,各参建方的BIM软件类型也不相同,所生成的文件类型也各不相同,而相关管理者在进行管理时,查阅不同文件则需要不同的软件才可以打开,在建设过程中也相应产生不同阶段的文件,需要管理者对文件不断更新。因此,BIM协同平台需具有存储多格式文件的功能,并集成于同一平台,实现信息的整合,为管理者应用。

(3)信息的存储、检索及传递

建设项目越复杂,BIM模型所包含信息量越大,文件越大,对信息传输速度的要求越高,参建各方浏览BIM模型的效率越低,检索所需内容的时间也就越长。因此,需要深入研究BIM的轻量化,以便在协同平台上实现各参建方各阶段信息的更新和检索。另外,在建设项目建设过程中不可避免地会发生施工问题,BIM协同平台能有效沟通各建设方,便于交流及信息传递以解决施工问题,减少沟通成本,模型信息在沟通过程中不断更新,产生的相关记录表或者文档信息可直接与相应的模型构件进行链接,以便进行问题的追溯和反馈。

软件的选择应依据项目特点及所需达到的目标进行决策,不同软件之间的兼容性并不相同,这可能导致项目实施过程中数据无法及时交换,对协同作业起到阻碍作用。下面给出两个实际项目的软件方案作为参考。表2.12所示为某项目的软件方案实例,该项目采用定制开发的多参与方BIM协同管理平台,实现包括BIM资源管理、数据存储、模型浏览、进度管理、质量管理、投资管理、沟通管理及安全管理等功能。

表2.12 项目1的软件方案选择

任　务	软件工具	文件格式
建筑模型	Autodesk Revit	RVT
结构模型	Autodesk Revit	RVT
模型漫游	Autodesk Navisworks	NWD/BIMx
展示动画	Lumion, Autodesk 3ds	AVI
模型整合	Autodesk Navisworks	NWD

续表

任 务	软件工具	文件格式
钢结构	Tekla Structures, Autodesk Revit	STD/DXF/RVT
机电	MagiCAD, Revit	DNG/DXF/RVT
幕墙	CATIA, Revit	CGR/RVT
协同平台	定制开发	—

图2.2所示为另一项目的软件应用流程,以广联达 BIM 5D 产品为核心,整合广联达系列产品以及 Autodesk Revit 软件、天宝 Tekla 软件,为项目工程技术、进度和投资等提供技术支撑。

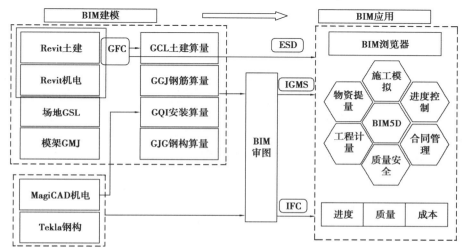

图2.2 项目2的软件应用流程

2)硬件系统方案

硬件与软件是一个完整的计算机系统相互依存的两大部分。在明确各阶段 BIM 技术的应用目标以及拟使用的 BIM 软件之后,需考虑计算机的配置问题,以支持 BIM 软件的应用。BIM 应用对计算机的运行能力要求较高,主要包括数据运算能力、图形显示能力、信息处理等方面。企业可针对选定的 BIM 软件,结合工程人员的分工,配备不同的硬件资源,以满足硬件系统投资的合理性价比要求。

BIM 基于三维的工作方式,对硬件的计算能力和图形处理能力提出了很高的要求。就最基本的项目建模而言,BIM 建模软件相比传统二维 CAD 软件,在计算机配置方面,需要着重提高 CPU、内存和显卡的配置。

①CPU:即中央处理器,是计算机的核心,推荐使用拥有二级或三级高速缓冲存储器的CPU。采用64位 CPU 和64位操作系统对提升运行速度有一定的作用,大部分软件目前也都推出了64位版本。多核系统可以提高 CPU 的运行效率,在同时运行多个程序时速度更快,即使软件本身并不支持多线程工作,采用多核系统也能在一定程度上优化其工作表现。

②内存:它是与 CPU 沟通的桥梁,关乎着一台电脑的运行速度。越大越复杂的项目会

越占内存,一般所需内存的大小应最少是项目内存的20倍。由于目前采用 BIM 的项目大部分都比较大,一般推荐采用8G或8G以上的内存。

③显卡:对模型表现和模型处理来说很重要,越高端的显卡,三维效果越逼真,图面切换越流畅。应避免集成式显卡,集成式显卡要占用系统内存来运行,而独立显卡有自己的显存,显示效果和运行性能也更好些。一般显存容量不应小于512M。

④硬盘:硬盘的转速对系统也有影响,一般来说越快越好,但其对软件工作表现的提升作用没有前三者明显。

对于各个软件对硬件的要求,软件厂商都会有推荐的硬件配置要求,但从项目应用 BIM 的角度出发,需要考虑的不仅仅是单个软件产品的配置要求,还需要考虑项目的大小、复杂程度、BIM 的应用目标、团队应用程度、工作方式等。

对于一个项目团队,可以根据每个成员的工作内容,配备不同的硬件,形成阶梯式配置。比如,单专业的建模可以考虑较低的配置,而对于专业模型的整合就需要较高的配置,某些大数据量的模拟分析所需要的配置可能就会更高。表2.13 所示为根据 BIM 的不同应用,配置阶梯式的硬件系统。

表2.13　阶梯式硬件系统设计

应用级别	基本级应用	标准级应用	专业级应用
典型应用	局部设计建模(按专业、区域等拆分);模型构件造型;专业内冲突检测……	多专业综合协调;专业间冲突检测;常规建筑性能分析;精细渲染……	施工工艺模拟;BIM 虚拟建造;高端建筑性能分析;超大规模集中渲染……
适用范围	适用于大多数设计人员	适用于各专业骨干人员、分析人员、可视化(VR)人员	适用于少量高端 BIM 应用人员
硬件配置	基本应用配置	标准应用配置	专业应用配置

目前,应用较为成熟的硬件系统架构方式的总体思路是在个人计算机终端直接运行 BIM 软件,完成相应的建模工作,然后通过网络上传 BIM 模型存储至集中数据服务系统中,实现协同共享。表2.14 所示为 Autodesk 公司对其 Revit 2020 系列软件推荐的3种配置。

表2.14　2020版 Revit 配置推荐

硬件类型	最低要求	价格与性能平衡	高性能
操作系统	Microsoft ® Windows ® 10 64 位	Microsoft ® Windows ® 10 64 位	Microsoft ® Windows ® 10 64 位
CPU 类型	采用 SSE2 技术的单核或多核 Intel ®,Xeon ® 或 i-Series 处理器或 AMD ® 等效处理器。推荐尽可能高的 CPU 速度等级	多核英特尔®至强®,或 i 系列处理器或与 SSE2 技术等效的 AMD ®。推荐尽可能高的 CPU 速度等级	多核 Intel Xeon,或 i-Series 处理器或 AMD 等效的 SSE2 技术。推荐最高价格的 CPU 速度等级

硬件类型	最低要求	价格与性能平衡	高性能
内存	通常 8 GB RAM 对于单个模型的典型编辑会话来说足够,磁盘上最多大约 100 MB。此估算基于内部测试和客户报告。各个模型在使用计算机资源和性能特征方面会有所不同	通常 16 GB RAM 对于单个模型的典型编辑会话而言足够,磁盘上最多约 300 MB。此估算基于内部测试和客户报告。各个模型在使用计算机资源和性能特征方面会有所不同	32 GB RAM 对于单个模型的典型编辑会话而言,通常足以在磁盘上达到大约 700 MB。此估算基于内部测试和客户报告。各个模型在使用计算机资源和性能特征方面会有所不同
视频显示分辨率	最小值:1 280 × 1 024,真彩色 最大值:超高(4k)定义监视器	最小值:1 680 × 1 050,真彩色 最大值:超高(4k)定义监视器	最小值:1 920 × 1 200,真彩色 最大值:超高(4k)定义监视器
视频适配器	基本图形:支持 24 位颜色的显示适配器 高级图形:具有 Shader Model 3 的支持 DirectX ® 11 的图形卡	具有 Shader Model 5 的 DirectX 11 显卡	具有 Shader Model 5 的 DirectX 11 显卡
磁盘空间	30 GB 可用磁盘空间	30 GB 可用磁盘空间	30 GB 可用磁盘空间 10 000 + RPM HardDrive(用于 Point Cloud 交互)或固态硬盘
媒体	从 DVD9 或 USB 密钥下载或安装	从 DVD9 或 USB 密钥下载或安装	从 DVD9 或 USB 密钥下载或安装
网络连接	互联网连接以进行许可注册和基本组件下载	互联网连接以进行许可注册和基本组件下载	互联网连接以进行许可注册和基本组件下载

2.2.4 BIM 技术的实施流程

1)BIM 技术的总体实施流程

BIM 技术的总体实施流程对 BIM 技术的应用起到指导作用。BIM 技术的实施首先要明确 BIM 的实施目标,并在此基础上明确必需的 BIM 应用以及可供选择的 BIM 应用;其次,选择合适的 BIM 应用软件,同时搭建相应的硬件系统平台以实现 BIM 技术的应用;然后,项目各参与方依据制定的规则进行相应模型的建立、整合及检查,并在各阶段开展 BIM 技术的应用;最后完成竣工模型及各项成果并交付,用于后期的运营维护管理。总体实施流程如图 2.3所示。

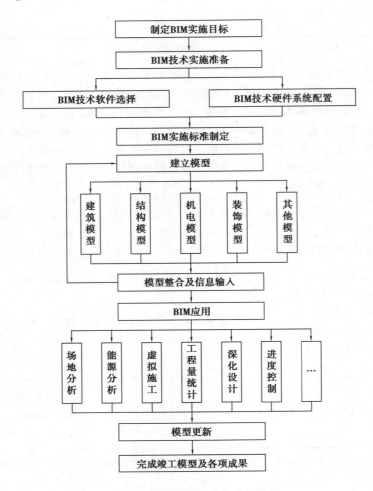

图 2.3　BIM 技术的总体实施流程

2) BIM 技术应用的管理模式

在实际项目实施过程中,由于主导单位的不同,BIM 实施的管理模式及流程也有所不同。目前 BIM 技术的主导实施单位为建设单位、设计单位和施工单位。项目 BIM 技术实施的主导单位不同,立足点也不同,管理模式也会存在差异。本节主要介绍 DBB 承发包模式下 3 种不同主导方的 BIM 技术应用管理模式。

(1)业主主导的 BIM 应用管理模式

业主主导模式是由业主方主导,通过任命专职 BIM 经理,组建专门的 BIM 团队或者聘请专业的 BIM 咨询顾问,策划并管理项目 BIM 技术实施的管理模式,如图 2.4 所示。

由业主主导的 BIM 应用管理模式,使得业主成为建设项目的重要参与方,通过计划、组织、实施及控制等手段对项目全过程进行管理,实现项目全生命周期的 BIM 应用价值,有效管控各参建方的 BIM 实施。该种模式下,BIM 团队的建设是关键,会影响项目 BIM 技术的实施效果。

(2)设计单位主导的 BIM 应用管理模式

设计单位主导的 BIM 应用管理模式是目前应用较广的管理模式。主要表现为业主将所需的 BIM 应用要求委托给设计总承包单位,以合同的方式进行约定,由设计单位自身完成设计阶段的 BIM 服务,进行二维、三维图纸的设计,建立 BIM 模型,达到优化设计的目的,之后代表业主对施工和运营阶段的各参与方进行组织、管理和控制的模式,如图 2.5 所示。

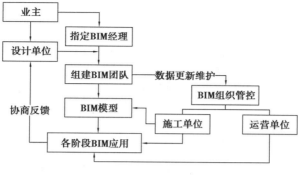

图 2.4 业主主导的 BIM 应用管理模式

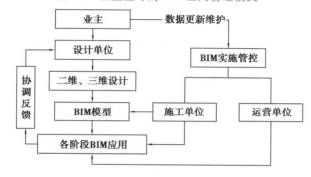

图 2.5 设计单位主导的 BIM 应用管理模式

该种模式的应用较为成熟,能在设计阶段取得较好的收益,对于提高项目设计质量具有积极作用,但设计方的知识结构和能力决定了 BIM 技术在全生命周期应用不足,在施工阶段及运营维护阶段取得的 BIM 效益通常较低。另外,设计方的服务积极性在施工及运维阶段表现不足,使得 BIM 技术的价值难以有效实现。

(3)施工单位主导的 BIM 应用管理模式

施工单位主导的 BIM 应用管理模式是指业主通过合同委托的方式,将相关的 BIM 服务委托给施工总承包单位,施工承包单位根据设计单位提供的二维图纸建立 BIM 模型或根据设计单位提供的 BIM 模型进行施工阶段的 BIM 应用,一般包括 3D 深化设计、4D 进度优化、5D 算量、场地规划等内容,同时施工总承包单位对项目其他参建方 BIM 的实施进行组织、管理与控制的模式,如图 2.6 所示。

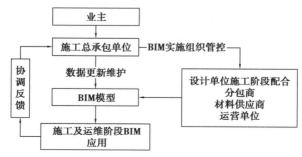

图 2.6 施工单位主导的 BIM 应用管理模式

施工总承包单位主导的 BIM 应用,能够克服设计主导管理模式在施工阶段管控能力不足的缺陷,施工方具有较强的现场控制能力,能较好地集成各方数据和信息,推动 BIM 技术在施工阶段有效实施。但在这种模式下,设计单位往往在施工阶段进行配合,多数情况下需要施工总承包单位重新翻模,存在信息丢失的可能性。另外,由于 BIM 信息可能涉及施工方的利益问题,使得 BIM 模型信息难以高效地在参建各方流转,项目整体利益无法实现最大化,在项目趋近结束时施工方的服务积极性降低,不利于运维阶段 BIM 技术的实施。

实际项目的 BIM 技术应用管理模式,应依据项目的特点、能力和需求、BIM 应用的目标综合考虑,选择合适的管理模式。

3) BIM 技术应用目标的组织流程设计

BIM 技术应用目标的组织流程在确定 BIM 应用之后进行,每个确定 BIM 的应用目标都应该制定相关的组织流程,例如在设计阶段的碰撞检查和管线综合、施工阶段的工程变更管理等工作,都应以满足 BIM 应用目标为前提,设计技术应用流程图,提高工作效率。

每个 BIM 应用目标的流程图包括一张 BIM 流程表和一张流程图。流程表用来描述该流程相关的关键因素说明,包含流程名称、流程目标、流程范围、管控要点、需遵循的规范标准、IT 的支持及其他内容等。BIM 流程表如表 2.15 所示。

表 2.15 BIM 流程表

要素名称	内　　容
流程名称	注明流程的名称,应该有与 BIM 应用对应的编号
流程目标	流程计划实现的目标
流程范围	说明流程前后顺序之间的关系,流程开始于哪个业务阶段或者哪个里程碑节点;结束于哪个业务阶段或者里程碑节点
管控要点	分析流程中的问题易发点、重点应用内容
需遵循的规范标准	交付标准、交互标准等
IT 的支持	是否需要 BIM 协同平台支持
其他	

图 2.7 所示为 DBB 模式下基于 BIM 技术的重大设计变更管理流程图。工程总承包单位发起设计变更,设计单位接受变更申请后,进行审核并填写模型验证单;业主对信息进行汇总、完善后交给 BIM 咨询单位,BIM 咨询单位根据 BIM 模型验证单展开 BIM 应用,上传相关文件至 BIM 系统内;现场相关参建方召开协调会议,确定设计变更的内容,生成电子版设计变更单,设计单位在 BIM 系统内打印变更单,在线下完成设计变更签字手续;签字完成后,业主在 BIM 系统内发布更新指令,BIM 系统自动触发 BIM 应用文件归档并及时传递至相关方的邮箱中,各相关方便可以在 BIM 系统内查询到相关的设计变更,从而实现基于 BIM 的重大设计变更管理,明确管理流程与各方责任,提高管理效率。图 2.8 所示为基于 BIM 技术的碰撞检测流程图。

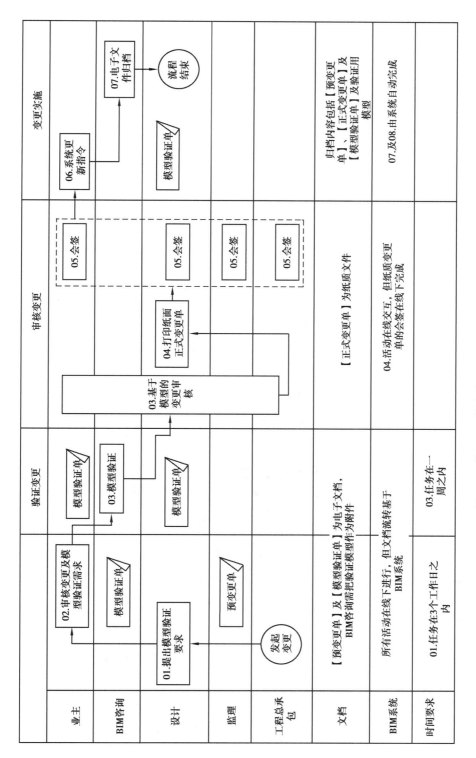

图 2.7 基于 BIM 技术的重大设计变更管理流程图

	验证变更	审核变更	变更实施
业主	02.审核变更及模型验证单		06.系统更新指令
BIM咨询	01.提出模型验证要求		07.电子文件归档 → 流程结束
设计	03.模型验证	04.打印纸面正式变更单	
监理		05.会签	模型验证单
工程总承包	发起变更 → 预变更单	03.基于模型的变更审核	
文档	[预变更单]及[模型验证单]为电子文档，BIM咨询需把验证模型作为附件	[正式变更单]为纸质文件	归档内容包括[预变更单]、[正式变更单]及[模型验证单]及验证用模型
BIM系统	所有活动在线下进行，但文档流转基于BIM系统	04.活动在线交互，但纸质变更单的会签在线下完成	07.及08.由系统自动完成
时间要求	01.任务在3个工作日之内 03.任务在一周之内		

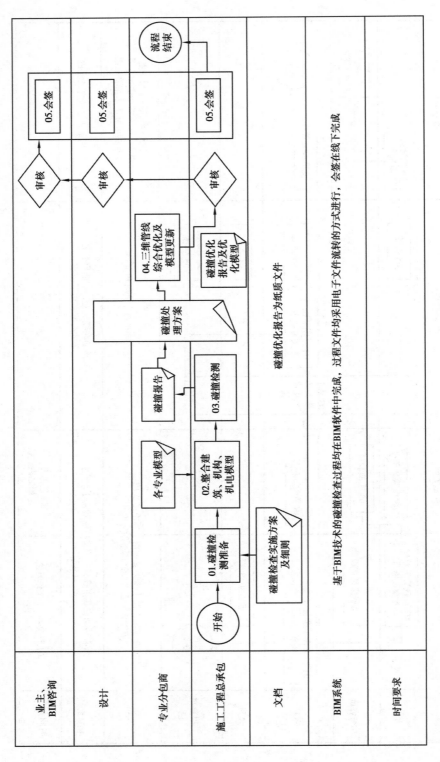

图 2.8　基于 BIM 技术的碰撞检测流程图

2.3　BIM 模型的成果交付

2.3.1　不同阶段的 BIM 交付成果及深度

不同阶段的 BIM 交付成果是由集成的数字化模型所体现的,交付成果囊括了项目从策划、设计到施工以及运营管理整个生命周期内的所有信息。与传统线形交付过程不同的是,BIM 环境下的交付过程是呈抛物线形的,所需交付的信息在模型的建立阶段,其输出是极少的,待模型完成以后,短时间内即可输出大量交付成果,如图 2.9 所示。主要交付成果有相关模型、各种分析报告、碰撞检查报告、BIM 设计图纸、电子版 CAD、PDF 设计图纸、项目级BIM 实施标准、项目 BIM 数据库以及其他 BIM 交付成果等。

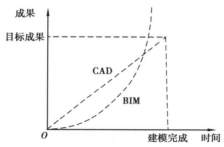

图 2.9　传统方式与 BIM 交付成果产出比

1）前期规划阶段

前期规划阶段主要是从项目本身的地形条件出发,根据项目的具体要求,研究分析场地概况、规划指标,初步设定项目设计流程,确保方案设计的可行性。交付成果主要包括三维基础设施模型、三维场景模型、场地模型、场地分析报告。

2）设计阶段

设计阶段的 BIM 模型是 BIM 的核心交付成果。但在现实应用中,由于业主单位接收能力的限制,BIM 模型的创建需求不一定由业主单位提出,可能由设计单位或者 BIM 咨询单位提出相关要求,完整的专业模型是否为必要交付物,根据双方的合同约定执行。设计阶段是在规划阶段所积累信息的基础上进行专业深化设计,该阶段产生大量的数据并再次共享进入数据库,且各专业之间存在着参数化的关联。

设计各阶段及其交付成果主要包括:

①方案设计阶段:方案模型和性能分析报告。

②初步设计阶段:各专业初步设计模型。

③施工图设计阶段:施工图阶段的模型应经过碰撞检测、设计深化,并且包含工程实体信息,能真正用于指导施工。各专业模型包括建筑、结构、暖通、水电、景观、装修、幕墙、市政

等模型。施工图纸包括各专业平面图、立面图、剖面图及复杂节点大样图等。

3）施工阶段

施工阶段主要是用于指导施工的 BIM 模型，分别应用于施工深化设计、施工组织管理、工程算量、竣工 BIM 模型生成，甚至可用于后期运维阶段，进一步发挥 BIM 技术的应用价值。由于原 BIM 设计模型包含设计单位一定的知识产权信息，因此在合同中约定要交付的 BIM 设计模型时，需整理后交付。同时，接收 BIM 设计模型或施工模型的合同方及其他相关方，应依据相关约定做好知识产权工作。

4）运维阶段

在运营维护阶段，BIM 模型的数据库中已经集成了前 3 个阶段的所有工程信息，这些信息可随时被运营维护系统调用，如建筑构件信息、房屋空间信息、建筑设备信息等，它对于未来的项目运营维护非常重要。

除了要交付 BIM 数据库外，对于大规模、复杂的特殊项目，还需事先制订 BIM 规范性文件，BIM 实施策略文件是非常重要的交付物。BIM 实施策略文件一般包含针对项目的 BIM 资源管理、BIM 设计行为、设计交付物以及针对具体工程技术的 BIM 技术规则等。BIM 实施策略文件有助于非 BIM 咨询的设计方、监理方、施工方和运维单位有效地利用模型进行项目实施和运维，约束、规范相关方的 BIM 实施过程，保证工程项目的顺利进行，是大型复杂项目 BIM 实施过程中必要的交付内容。

2.3.2　不同阶段 BIM 模型的交付方式

目前，建设项目有多种交付方式，不同项目交付方式确定项目的基本组织方式，包括规划、设计、建造全过程的实施框架及活动顺序，以及工程项目各参与方的角色、职责分配。项目交付方式的连贯运转需要项目组织、项目实施过程及合同三者的均衡。对于一个具体项目，合理地选择项目交付方式，可有效加快项目建设的进度，降低项目建设成本，提高项目质量以及项目合同管理的水平，增大项目绩效。

集成产品开发（Integrated Product Development，IPD）交付是目前常用的交付方式，该方式要求项目主要利益相关方从项目开始即协同工作，对项目负责。由于团队成员组成较多，项目情况也更为复杂，跟传统的交付方式相比，IPD 交付更需要合适的手段来保证有效沟通。BIM 技术凭借其自身的优势，可为各方之间的沟通提供统一的交流平台，方便各参与方之间信息的交换，为 IPD 交付方式的实现提供技术保障。

精益建设理论是一种以整体的价值流作为导向，通过项目各方的合作来改进项目流程，更合理地配置资源，进而提高效率，减少生产过程中的浪费，实现价值最大化的思想。IPD 交付方式是建立在精益建设理论研究的基础上的，两者都是通过合作的理念来实现共赢，减少建设活动中不必要的资源浪费，从而提高项目价值。在 IPD 交付方式实现过程中，应用精益建设关键技术优势明显。精益建设关键技术包括并行工程、团队工作、持续改进、价值管理、全面质量管理、最后工作者系统、准时制等。

并行工程、团队合作可为早期 IPD 团队的组建提供指导,从而更好地优化设计过程,减少设计变更的发生;持续改进贯穿于 IPD 项目的整个实施过程,通过持续不断的改进更好地完成目标;价值管理则致力于优化成本价值,目标价值设计作为有效设计方法可在有限的预算下实现价值最大化,并可通过价值分析提升项目价值;全面质量管理的核心则强调在 IPD 项目中严把质量关,做好质量控制工作;最后工作者系统与准时制则从实施过程对进度计划给予保证。总的来说,精益建设理论可为 IPD 交付方式的实施提供方法指导。

1)项目决策阶段

项目决策阶段主要由业主或业主委托专业的咨询公司负责,主要的工作包括投资机会研究、初步可行性研究、可行性研究、项目评估及决策等。该阶段要论证项目的可行性,对工程项目投资的必要性、可能性、可行性以及为什么要投资、何时投资、如何实施等重大问题进行科学论证,对应 IPD 模式下的概念阶段。

(1)项目目标确定

在决策阶段,业主要通过对项目进行定义、属性分析,提前设定项目目标,同时根据项目目标的要求确定工程项目参与方的资质要求、选择标准等。集合项目主要参与方,着手 IPD 团队的组建工作,确立团队组织结构,在各参与方充分理解、互相尊重、协作的前提下签订初步合作协议。

(2)BIM 集成平台

BIM 技术是 IPD 项目重要的技术保障。当前 BIM 软件更迭迅速,各专业软件之间数据格式不一,数据传输过程中信息丢失、错误等问题导致信息的互用性差。在确定了主要的参与方之后,IPD 团队成员应共同确定主要的应用软件、数据交换的标准格式,针对项目开发专门的集成管理平台,将各专业软件生成的信息进行整合,形成完整的建筑信息模型。

2)项目设计阶段

IPD 交付方式对项目重新定义的基础就是将设计阶段提前以减少变更的产生。对 IPD 交付方式下的设计阶段进行研究,这对明确项目的实施具有重要价值。IPD 团队的组建可使项目关键参与方在项目早期阶段就积极参与进来,在设计过程中,设计方、业主、施工方等能够协同工作,对出现的问题及时做出决策处理。BIM 集成平台的建立也为设计过程提供了关键工具。在 IPD 交付方式下,设计阶段可应用 BIM 技术对项目进行精益设计,获得最大可施工性,降低成本。

(1)业主需求识别

质量功能展开(Quality Function Deployment,QFD)作为一种有效的工具,可用于 IPD 交付方式设计阶段业主需求的识别,把业主的要求转化为产品的设计特点,并将其展开到子系统、零部件、材料和生产流程中去。质量功能展开在 IPD 交付方式设计中的应用如图 2.10 所示,图中屋顶为相关关系矩阵。

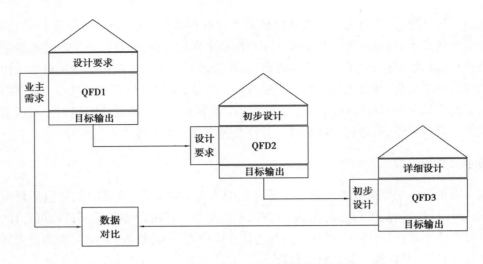

图 2.10　质量功能展开在 IPD 交付方式设计中的应用

为了准确识别业主需求,在设计之前须在决策阶段确立的目标基础上进行进一步细化,将业主方的要求,如建筑形式、功能成本以及建设周期等信息转化为设计语言,作为项目的主导目标,确定项目的特征及项目成本、工期、质量、可持续性等方面的要求。由于工程项目的特殊性,每个项目的侧重点不同。通过质量功能矩阵展开的过程,也可促进 IPD 团队之间的沟通,提高设计效率及业主满意度。

（2）目标成本确定

IPD 交付方式下目标成本的确定是一个多方共同协商的动态过程,在制定目标成本之前,项目各参与方在充分考量项目资金、工期、质量要求、项目风险、自身技术、市场条件等基础上,提出初步目标成本,除直接成本外包含工作范围内由于不确定性带来的意外开支、风险及潜在的损害赔偿、市场条件及其他因素等。对初步目标成本进行分解,根据分解的子项,由承包商、建筑师以及其他非业主方提出详细的目标成本提案,如果业主方认同,则根据提案确定正式目标成本、项目定义、进度等;如果业主方不认同,则需要重新调整,修改目标成本提案,直到得到业主的认可,如果最终仍不能达成一致,则协议终止。目标成本确定后,即作为控制价格,仅在有限情况下通过编制修正方案进行调整,并且必须得到所有参与方的认可。

目标成本是影响 IPD 项目成立的关键因素,也是成本控制的重要保证。首先,目标成本在标准设计阶段结束之前完成,为项目设定了一个合理上限,对设计起到控制作用,有利于业主控制投资,降低成本超支的风险。其次,目标成本是各参与方协商一致的结果,充分考虑了各参与方的专业意见,目标成本的设定应当合理。目标成本过低,未能达到收益水平的参与方会产生机会主义行为,通过其他的途径弥补成本,不利于合作;目标成本过高,则对业主不公平,造成投资浪费。最后,目标成本是后期各方之间收益分配的依据,成本目标以下节省的部分由业主以外的其他参与方共享,具有激励作用,有利于项目目标的完成。

最终目标成本确定后,各主要参与方共同构建组织的管理制度、决策制度、激励机制、保险体系、责任豁免体系等,以此作为合作协议的组成部分,并签订正式协议,建立合作关系。

（3）设计方案优化

将质量功能展开得到的需求通过目标价值设计最终体现到设计方案中,在功能与成本之间取得平衡。为了使设计过程顺利运作,设计前期需投入大量精力。IPD 团队成员应协同设计,共同参与到设计中,保证设计的可施工性。

①方案设计阶段:设计方使用 BIM 技术创建 3D 模型,在模型中综合 IPD 团队成员之间对项目的相关信息,作为模型的必要部分。方案模型经过团队成员的共同讨论并最终确定,由 IPD 团队确定的方案在建筑形式、规模范围、空间关系、主要功能、估算造价范围、结构选型等方面,须同时满足业主及可施工性方面的要求。

②初步设计阶段:业主方在初步方案的基础上,提供更加清晰的项目要求,设计方根据业主的要求进一步完善模型,对模型进行专业设计和分析,产生量化的分析结果,包括建筑能耗、结构、设备选型、施工方案等。

③详细设计阶段:业主审查初步设计模型和相应的设计结果,提出局部修改和细化要求。建筑师、专业工程师、分包商进一步细化各自的专业模型,并将各专业模型集成为综合模型,进行碰撞检查与空间协调设计。承包方将根据设计模型,创建相对完整的项目 4D/5D 模型,对项目的实施进行模拟,检视项目实施过程中的组织、流程、施工技术、安全措施等方面的问题,改进、完善施工方案。当产生较大的设计变更时,相关专业需要基于模型重新进行专业分析,核实设计结果,形成统一的模型。

④施工图设计阶段:需进行工厂化加工的构件交由分包商或产品供应商进行建模和零件设计,并将加工模型叠加到相关的专业模型上,建筑、结构、设备等专业将最终完善模型,并依据模型出具施工图。

3）项目施工阶段

施工阶段的主要任务是通过一系列资源的投入,将设计阶段的成果完整地呈现出来。在 IPD 交付方式下,设计阶段已充分考虑施工中可能遇到的问题,施工方由于在项目前期的充分参与,对项目设计方案的理解更为透彻,可大幅缩短前期准备工作时间,施工阶段 IPD 团队的工作量相应减少。前期 BIM 集成平台的数据积累也可为施工阶段的管理提供支持。BIM 技术可对施工现场信息进行全方位把控,IPD 团队可通过 BIM 模型及时掌握进度计划的实现情况、质量的管理情况等关键信息,有助于对发现的问题进行及时处理。施工阶段 BIM 技术的优势主要体现在设计信息的准确传达、现场模拟、利用集成的 BIM 模型根据进度计划进行施工过程动态模拟演示、施工方案优化、虚拟施工,减少各专业(结构、电气、暖通空调、管道等)之间的冲突。施工阶段 BIM 交付方式如图 2.11 所示。

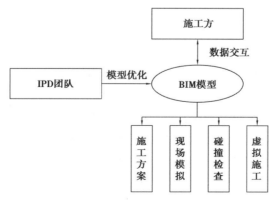

图 2.11　施工阶段 BIM 交付方式

（1）进度管理

进度管理的关键在于对项目实体进度的实时跟踪,深入了解各工作面当前实际完成的情况,以及相关实体工作对应的配套工作(方案、材料、设备、人员等)的跟进状态。通过对实体进度的掌控,与计划进度对比,及时发现进度偏差点、偏差程度,分析原因,快速做出调整。基于 BIM 集成平台,将施工进度与建筑模型实时关联,也为精益建设理论中"末位计划者系统"(LPS)的应用创造了条件。"末位计划者系统"利用精益方法来提升项目控制水平,对传统的项目计划制订方法进行改进,由传统的"推式"计划改进为"拉式"计划,保证项目任务在开始之前已经有效消除约束条件,使得进度计划能最大限度地按照计划执行。"末位计划者系统"建立在 3~4 个层级的进度计划上,总进度计划给出项目进度的总体框架,设置里程碑;前瞻式计划基于阶段性计划和未来 6~8 周的建设任务而定,用于控制工作流程;每周工作计划源于前瞻式计划,规定阶段和任务间的交接。每周完成工作要根据计划计算出计划完成百分比(PPC),在每周例会上分析原因,及时反馈。"末位计划者系统"示意图如图 2.12 所示。

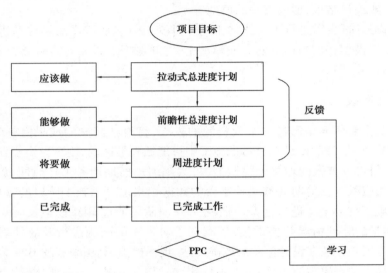

图 2.12 "末位计划者系统"示意图

（2）成本管理

一方面,在 IPD 交付方式下,目标成本的设定为各方提供有效激励,能充分调动各方积极性,对成本进行主动控制;另一方面,利用 BIM 集成平台 5D 模型,结合施工的进度安排,可提高管理的规范性,实现项目成本的精细化管理,优化各项资源的配置,合理安排人工、材料、机械等的使用计划,在实施过程中进一步把控。

（3）质量管理

施工质量是形成建设工程项目实体质量的决定性环节。在现阶段的施工管理中,质量控制的理念早已深入人心,工程质量是各方关注的重点。IPD 模式下质量管理应采取预防为主的原则,充分发挥人的积极性,运用 PDCA 循环等手段进行全面质量管理,在 BIM 集成平台提前植入质量管理关键点进行重点控制。

4）项目运营阶段

运营阶段在整个项目生命周期中占据着重要地位，持续时间也是最长的，但由于运营阶段的工作主要在项目交付之后，在此不作为研究重点。但是 IPD 交付方式之前形成的资料、信息可为之后项目的运营维护管理提供更好的服务，在传统交付方式下，各方之间的信息共享程度低，IPD 交付方式促进了各方对信息的共享，同时保证了信息的准确性。对于后期运营要求较高的项目，这些信息的提供极为关键。另外，在此阶段还会进行 IPD 项目实施效果的评价工作，对项目进行总结，验证项目的各项目标是否完成，因此运营阶段可看作 IPD 交付方式的延伸阶段。在 IPD 交付方式下，项目的规模、复杂程度不同，各阶段实施的内容可能有所不同。但是，项目相关方应按照一致的项目目标进行密切协同工作的特点始终保持不变。

2.3.3 BIM 模型的资源管理

1）BIM 模型资源管理的技术路线

基于 BIM 资源规划的信息化建设实施技术路线，是指在信息规划阶段坚持以资源规划为核心和导向，结合建设项目的实际情况的需求，进行信息需求分析与数据流分析，通过对项目决策层、管理层与业务执行层信息需求的规范化描述，为资源的规划与使用打好基础，建立资源管理基础标准，并以信息资源的合理规划使用为导向，进行信息平台硬件和软件工程的实施规划。以信息资源规划为核心和导向的信息化建设技术路线如图 2.13 所示。

2）BIM 模型资源管理实施控制措施

为了降低信息化建设的风险，确保实施的进度和质量目标，设计了如下保障体系。

（1）组织保障管理体系

在信息化建设中，坚持以"业主主导、高层领导、归口管理；统一规划，分步实施；统一标准，互连共享；服务交通，面向市场"为原则，分别建立信息资源规划领导小组、领导小组办公室和部门信息规划工作组的三层组织管理架构体系，建立和形成"目标明确、组织科学、业务规范、制度健全、运作高效、服务优质"的信息系统组织体系、管理体系、运行服务体系、技术标准体系和安全保障体系，确保信息系统稳定、安全和高效运行。

（2）技术保障支持体系

技术保障支持体系由信息资源规划工具、信息共享标准管理系统和信息交换与共享平台组成。信息资源规划工具引导各部门执行统一的规范，形成的业务模型、功能模型和数据模型以及信息资源管理基础标准，可动态支持应用系统的建设、运行和管理；信息共享标准管理系统为各应用系统建设提供标准注册、查询和下载服务，为实现信息共享、规范应用系统建设提供标准支持；信息交换与共享平台为跨部门信息化应用集中提供信息交换、资源共享、业务协同、安全保障等基础性支撑服务，并为各部门应用系统提供信息资源和服务资源的编目和注册功能，实现信息资源和服务资源的积累，为建立信息共享的长效机制提供技术支持。

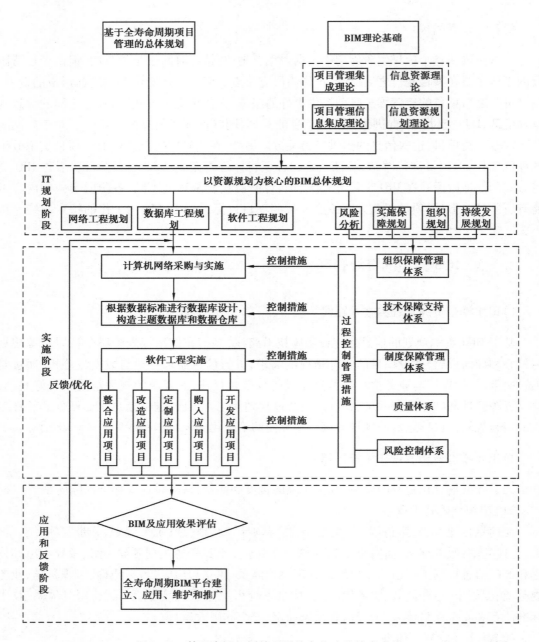

图 2.13 基于资源规划的项目信息化建设技术路线

（3）制度保障体系

设计一套由应用系统建设管理规范、信息共享管理规范、信息化应用系统标准化工作规范、信息资源规划技术应用规划组成的制度保障体系，实现信息化建设的制度化和规范化。

（4）信息化建设的风险管理

利用风险识别及对策理论，对信息化建设技术路线的执行、人力组织及投资、进度、质量控制等环节进行系统的风险分析和评估，并制定相应风险规避、转移和消除措施，降低风险损失。

（5）信息化建设可持续对策分析

对信息化建设的可持续发展方向进行分析，制定信息系统可持续发展战略，确保全寿命周期内项目管理信息化建设过程的延续性和目标的统一性，最终实现提高建筑行业项目管理水平的目的。

（6）信息化系统应用效果评估体系

项目管理信息化的效果要通过绩效评价来衡量，通过评估体系，对系统进行反馈和优化，使之更加适应项目管理需求。

2.4　BIM 实施规划的控制

2.4.1　BIM 实施规划的组织管理

1）管理模式

BIM 实施模式不同，其在工程项目各阶段的应用、责任分属及相应的工作流程也有所不同。目前 BIM 的主导实施单位主要有建设单位、设计单位和施工单位，主导单位、利益点、技术应用方面的不同，使得在全生命周期内的 BIM 应用存在一定程度的区别。表 2.16 所示为不同主导单位 BIM 管理模式的归纳总结。

表 2.16　不同主导单位 BIM 管理模式的归纳总结

主导单位		应用阶段	应用方面	应用效果
建设单位	自建模式	项目全生命周期	各专业建模并指导各参与方开展相应 BIM 应用	对 BIM 的贯彻实施有一定的保障作用，起到很好的协调作用，后期运维成本较低
	主导平台管理模式			
	BIM 咨询模式			
设计单位		设计阶段	虚拟漫游、性能分析等	在施工、运营阶段应用十分微弱
施工单位		投标阶段、施工阶段	施工方案展示；施工重难点模拟；三维技术交底等	BIM 模型服务阶段单一，对后期运维阶段的支持不足

2）团队分工与职责划分

随着 BIM 技术的大力发展，项目各参与方基本上都已经具备相应的 BIM 应用能力。明确的职责分工，不仅能够提升工作效率，避免纠纷，更有利于 BIM 的精细化生产。以某个建设单位为主导，选用可靠的第三方 BIM 咨询单位开展的项目为例，图 2.14 展示了 BIM 实施团队的总体规划，表 2.17 列出了其相关责任方的职责分工。

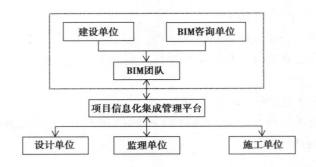

图 2.14 BIM 实施团队的总体规划

表 2.17 某项目 BIM 服务内容与职责分工表

标注	P = 执行主要责任		S = 协办次要责任			
	R = 审核		A = 需要时参与			
	I = 建模		O = 应用			
序号	BIM 服务实施阶段	业主	参建方			
			BIM 咨询方	设计	监理	施工
BIM 前期准备						
1	BIM 项目实施可行性分析	P				
	制定 BIM 实施目标	P				
	确定 BIM 组织方式	P	P			
	确定相关单位职责	P	P			
	确定 BIM 实施大纲	R	P			
	制订 BIM 实施总体计划	R	P			
	开通项目协同平台　　BIM 设计阶段	P	S			
2	制定设计阶段实施细则		P	S		
	分配设计协同权限		P	P		
	搭建方案模型		P	R		
	方案 BIM 分析及应用		P	S		
	提交方案成果		P	R		
	初设阶段模型		A	R		
	初步设计 BIM 分析及应用		A			
	提交初步设计成果		A	R		
	施工图模型		P/I	R		
	建设信息录入		P	R		
	提交施工图成果		A	P		

序号	BIM 服务实施阶段	业主	参建方			
			BIM 咨询方	设计	监理	施工
BIM 施工阶段						
3	制定施工阶段实施细则		P		R	S
	分配施工阶段协同权限		P			
	施工图模型审查交底		P	S	R	R
	施工深化设计模型		S	S	R	P/I
	BIM 施工管理及技术应用		S		R	P
	BIM 模型变更及调整		R	R	R	P/I
	施工阶段信息添加		R		R	P/I
	完成竣工模型		R	S	R	P
运维阶段						
4	搭建运维平台	P	S			
	交付竣工运维模型	O	P			

因 BIM 咨询单位负责项目的全过程管理,故项目信息化集成管理平台一般由其代为完成。BIM 咨询单位的常见职责如下:

①受业主委托成立联合工作小组,针对需求编写实施导则,编制项目模板及统一要求,组织整体 BIM 管理体系,并监督实施。

②依据施工图纸建立 BIM 模型,并收集各方意见进行修改,保证模型标准的一致性,并帮助业主和设计院验证审核设计图纸,出具管线碰撞报告并依据各方意见进行综合优化,指导施工。

③通过项目信息化集成管理平台,落实 BIM 模型的方案,并通过管理平台对现场施工问题进行管理,统筹整个项目的进行。

④按照建设单位的要求,组织 BIM 协调讨论会议。

⑤收集 BIM 实施时各参与方的问题,及时向建设单位进行反馈。

⑥项目接收后,将竣工模型核查归档并编写项目 BIM 总结。

⑦维护管理 BIM 信息化集成管理平台。

3) 工作流程

为规范 BIM 项目的实施,建立完善的应用及交付工作流程,明确项目团队的相应职责,制订总体工作流程等是必不可少的,总体工作流程能让 BIM 技术在整个项目中的应用取得最大化效果。图 2.15 所示是以建设单位为主导,选用可靠的第三方 BIM 咨询单位开展的项目工作流程。

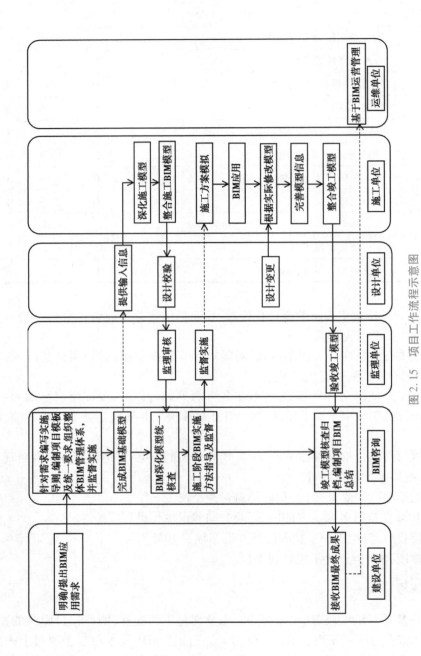

图 2.15　项目工作流程示意图

2.4.2　BIM 实施规划的合同管理

科学、规范的合同,是控制工程进度、质量、成本的保证。在全过程阶段实施 BIM 过程中,通过在合同中规范 BIM 应用的目标、实施方案、交付物内容、深度、方式及验收标准等内容,对于 BIM 的有效实施、合同双方合法权益的维护、工程建设的科学管理都有着重大的意义。

1) BIM 合同标准的国外借鉴

国际上,BIM 技术已经广泛应用于各类房地产项目中。美国很早就开始研究 BIM 技术的推广和应用,其应用程度与普及率较高。为便于 BIM 的推广,美国建筑师学会(AIA)推出了 AIA 系列合同文件,其出版的系列合同文件在美国建筑业界及国际工程承包界具有较高的权威性,应用广泛。AIA 系列的合同文件分为 A、B、C、D、F、G 等系列,表 2.18 列出了部分关于 BIM 技术的相关文件。

表 2.18　AIA 部分 BIM 标准

标准/文件名称	类　型	内容概述
E203 - 2013 *Building Information Modeling and Digital Data Exhibit*	非独立的合同文本,但必须作为合同的附录存在	建立各方对在项目上使用数字数据和建筑信息模型(BIM)的期望,并提供一个制定详细协议和程序的过程,以规范在项目上使用数字数据和 BIM 的开发、使用、传输和交换
G202 - 2013 *Project BIM Protocol*	与 E203 - 2013 协同使用	1. 编制已商定的协议和程序的文件,这些协议和程序将管理项目上建立信息模型的开发、传输、使用和交换。它在 5 个开发层次上建立了对模型内容的需求,以及在每个开发层次上对模型内容的授权使用 2. 通过为每个项目完成的表格,G202-2013 按项目里程碑分配了每个模型元素的作者。G202 定义了模型用户对模型内容的依赖程度,阐明了模型所有权,并规定了构建信息建模标准和文件格式

英国作为国际上第一个将 BIM 列入政府建设行业发展战略的国家,在设立了 2016 年全国公共建筑项目达到 BIM Level 2 这一强制要求后,通过一系列措施,在五年内成为 BIM 领域的领先者之一。英国政府 BIM 发展战略历程如表 2.19 所示。

表 2.19　英国政府 BIM 发展战略历程

序　号	年　度	英国政府 BIM 发展战略
1	2011	5 年内,要求全面协同 3D-BIM
2	2013	建筑业 2025 战略
3	2015	英国数字建筑战略(BIM 3 级计划)
4	2016	BIM 3 级发展纳入国家财政预算
5	2017	逐步迈向完全集成化和协作过程的 BIM 3 级

根据 BIM 实施的不同阶段,将英国 BIM 成熟度划分为 Level 0 至 Level 3,各阶段的特点以及要求如下:

①Level 0:以二维设计图纸作为信息交换的媒介(2D 协作)。

②Level 1:采用协作工具管理 2D、3D 信息(外部 2D 协作,内部 3D 辅助)。

③Level 2:所有专业集成三维 BIM 模型进行协作(外部多个 3D 模型协作)。

④Level 3:集中管理单一共享项目模型(集成所有专业信息的完整协作方式)。

目前,英国正处于推进 BIM Level 2 阶段的后期,正在向完全集成化和协作过程的 BIM Level 3 迈进,其总体 BIM 发展路线图如图 2.16 所示。

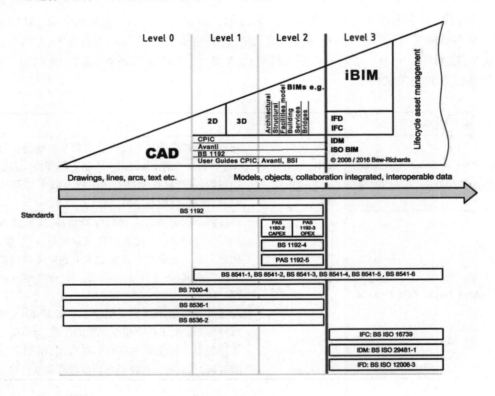

图 2.16　英国 BIM 成熟度及发展路线图

在英国 BIM 的发展过程中,英国标准协会(BSI)等机构不断修订和完善相关 BIM 标准和文件。其中,英国 BIM 合同部分内容适用标准如表 2.20 所示。

表 2.20　英国 BIM 合同部分内容适用标准

合同内容	来　源
具体项目的交付阶段:针对从设计到施工阶段的项目信息模型(PIM)的大多数图形数据、非图形数据和文件,规定支持 BIM2 级项目资本/交付阶段的信息管理流程	PAS 1192-2:2013 项目建设资本 / 交付阶段 BIM 信息管理规程
运行阶段:节省资本性支出和运营成本的信息管理流程	PAS 1192-3:2014 项目运行阶段 BIM 信息管理规程
项目各方传递建筑和基础设施相关的结构化信息的方法,以及项目交付至使用阶段之前的设计和施工阶段的预期	BS 1192-4:2014 满足业主信息交互要求的 COBie 格式信息协同工作规范
规定具有网络安全意识的 BIM 的要求,概括论述使用 BIM 时容易遭受恶意攻击的网络安全漏洞,提供建筑全生命期各阶段应采用的 BIM 协同相关的网络安全级别的评估程序	PAS 1192-5:2015 BIM、数字化建筑环境和智慧资产管理的安全意识规程
提供建造业生成/组织/管理信息的最佳实践方法,严格协作过程和特定命名策略;提供通用命名惯例和方法的模板,实现建筑、工程与施工领域的协同工作;促进设施管理过程中的数据高效利用。适用范围包括建筑和土木工程项目	BS 1192:2007 + A2:2016 建筑工程信息协同工作规范

2) 中国的合同标准

近年来,中国大力推进 BIM 标准体系的建立,从 2012 年正式启动国家 BIM 标准编制工作,各地方政府也先后发布了地方政府 BIM 应用的指导意见,BIM 发展迅速。但是,目前 BIM 实施应用仍然缺乏系统性战略规划以及针对性的指导和建议。当前,BIM 实施规划合同中部分内容适用标准如表 2.21 所示。

表 2.21　中国 BIM 实施规划合同中部分内容适用标准

合同内容	来　源
建筑工程设计中应用建筑信息模型建立和交付设计信息,以及各参与方和参与方内部信息传递的过程,主要分为交付准备、交付物和交付协同 3 大部分	GB/T 51301—2018《建筑信息模型设计交付标准》
新建、扩建和改建的民用建筑及一般工业建筑设计的信息模型制图的规范化表达,主要包括模型单元和交付物的规范化表达	JGJ/T 448—2018《建筑工程设计信息模型制图标准》
与 IFD 关联,基于 Omniclass,面向建筑工程领域,规定了各类信息的分类方式和编码办法,这些信息包括建设资源、建设行为和建设成果	GB/T 51269—2017《建筑信息模型分类和编码标准》
施工阶段建筑信息模型的创建、使用和管理。主要内容包括施工模型、深化设计、施工模拟、预制加工、进度管理、预算与成本管理、质量与安全管理、施工监理、竣工验收等	GB/T 51235—2017《建筑信息模型施工应用标准》
建设工程全生命期内建筑信息模型的创建、使用和管理,主要包括模型机构与扩展、数据互用和模型应用 3 大部分	GB/T 51212—2016《建筑信息模型应用统一标准》

3) BIM 咨询服务合同内容

BIM 合同内容条款的规定对 BIM 技术的顺利实施,工程成本、进度、质量的控制,合同双方权利和义务的划分,违约责任的归属都有着重要意义。依据《中华人民共和国民法典》,参考部分省市的 BIM 应用指南和相关合同示范文本,BIM 咨询服务合同的内容应重点包括以下几个方面。

①服务内容及服务质量标准。合同应明确受托人应按约履行的咨询服务内容,包括主要负责和协助参与的工作任务,并规定建筑模型、碰撞报告等交付成果的标准及相关质量控制标准。

②项目组织管理。合同应按照 BIM 应用指南的要求配置项目负责人(即 BIM 技术负责人),并规定人员应承担的岗位职责和应具备的能力,同时应明确 BIM 的工作流程及协调方式。

③合同双方的权利和义务。合同应明确划分在委托的工程范围内委托人和受托人各自的权利和应当履行的义务。

④合同价款的相关规定。主要包括服务费计算方式和合同价、合同款支付方式、合同价款的调整范围等内容。

⑤合同违约和争议处理。主要包括不同责任方的违约处理方案,以及合同争议的主要解决方式和其他备选方式。

⑥合同变更和终止。主要包括合同变更的申请审核方式、合同未尽事宜的安排及合同终止的情况规定。

⑦知识产权及保密条款。合同应明确在委托的工程范围内交付成果的知识产权归属以及相关的保密条款。

4) BIM 服务合同实例

本案例为湖南长沙某多层丙类厂房的 BIM 服务合同内容,主要分为服务内容及服务标准、项目团队成员、合同款项及支付条件、合同双方的权利和义务、合同违约与变更终止等方面,下面简要介绍相关内容。

(1)服务内容及服务标准

本项目服务内容主要包括服务阶段、BIM 实施的软硬件系统设计,以及施工阶段的具体服务等内容。

服务标准主要包括交付成果标准(表 2.22)及 BIM 实施质量控制标准。BIM 实施质量控制标准包括 BIM 技术实施要求、土建专业 BIM 技术管理要求、安装专业 BIM 技术管理要求。

表 2.22　交付成果标准

服务标准	
BIM 模型	土建结构部分 机电部分
图纸问题、碰撞检查报告及优化建议	
工程量核算	
BIM 可视化技术支持	

（2）项目团队成员

按照本项目规模及实施需求,乙方项目团队配置人员及岗位责任如表2.23所示,乙方应在本合同签订之日起7日内将表中人员的名单以书面形式提交甲方,未经甲方书面同意,乙方不得擅自更换表中人员。

表2.23　项目团队配置人员

岗　位	人　数	职　责
项目总监	1	负责项目的监督和组织落实
项目经理	1	负责项目的执行和甲方的协调工作
专业负责人	2	负责专业技术的协调管理
BIM技术工程师	4	负责专业的项目技术质量

（3）合同款项及支付条件

本项目BIM实施面积_____平方米（以实际建筑面积为准）,合同BIM咨询服务单价为_____元/㎡,即合同总价人民币（大写）_____。

服务费用支付方式如表2.24所示,最终结算依据以本项目实施BIM技术应用的实际建筑面积为准。

表2.24　服务费用支付方式

序　号	付款时间节点	付款比例	备　注
1	合同签订一周内	30%	
2	……	……	
	总计	100%	

BIM服务合同内容包括但不限于以上内容,针对其他合同方面相关规定,合同双方可根据项目的实际情况,参考《中华人民共和国民法典》及相关应用指南进行编制,在此不做概述。

2.4.3　BIM实施规划的质量控制

在项目全生命周期中,BIM模型是各参与方所共享的资源信息,也是在设计阶段、施工阶段和运营管理阶段中各相关负责人进行决策的依据。BIM模型信息的准确、完整,保证了BIM实施规划的顺利实施,因此在项目开始前,需要建立严格的模型质量控制程序,保证项目各阶段模型的质量。

1）BIM质量控制负责人

项目BIM团队应设置质量控制负责人,以业主为主导的模式可由业主指派专人作为总负责人,负责BIM模型和BIM实际应用的日常检查和成果检查,其他各参与单位也应该设置相应的质量控制岗位,负责建立符合各专业工作模式的质量保证计划,收发并整合各专业模型,并进行数据标准性检查。

2）BIM 模型质量控制内容及流程

美国《商业建筑业主 BIM 实践指南》(汉化版)明确指出,BIM 实施规划中应定义对建模过程进行检查和监督的详细的质量保证(QA)流程。质量保证流程的规定能够确保项目 BIM 团队成员依照 BIM 实施方案的规定开展建模过程。QA 活动至少应包括以下几个方面:

①规定、验证和测试样板流程,以确认模型符合最低的建模要求。

②验证资源的可用性和能力,以保证能够顺利开展建模活动。

③审核信息交流的定义,以保证可交付成果有清晰的定义。

为了保证 BIM 模型的质量,在每个项目阶段之前,BIM 质量控制负责人应预先规定模型的内容、详细程度等,建立数据质量标准,完成 BIM 各个阶段的质量控制。BIM 模型各阶段质量控制的基本内容包括:

①提交内容是否与 BIM 实施方案的规定一致。

②模型规范性要求的符合度检查。

③提交的 BIM 模型精度是否满足相应阶段的精度要求。

④各阶段提交的 BIM 模型是否与图纸相符,模型能否满足下一阶段的应用条件。

⑤各阶段 BIM 模型是否符合当前阶段的基础信息。

⑥BIM 报告的完整性、专业性等。

根据模型质量控制的内容和要求,BIM 质量控制流程如图 2.17 所示。

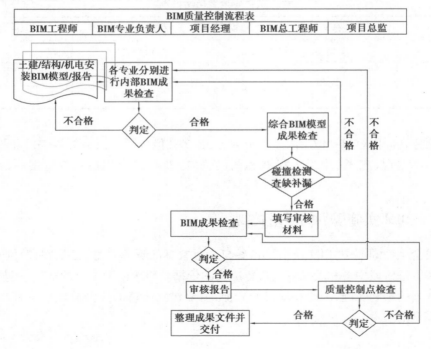

图 2.17　BIM 质量控制流程图

各流程的说明如下:

①BIM 工程师按专业分阶段完成相应的工作,并依据质量控制标准分别进行自审。保证成果质量之后,向专业负责人递交相应成果。

②项目专业负责人对成果进行专项审查,主要审核内容即为 BIM 模型质量控制的基本

内容。土建、结构和机电安装各专业负责人确认本专业范围内质量无误后,即可提请 BIM 总工程师进行质量审查。

③BIM 总工程师除对 BIM 模型质量控制的基本内容进行审查外,还需要对各专业整合问题进行核查和协调,如需要进行碰撞检查和查缺补漏。综合 BIM 模型成果检查无误后,需要提交给项目经理进行质量审查。

④项目经理在确认 BIM 成果无误后,需要提交给项目总监进行核查,同时,项目经理在项目总监核查完毕后需要对 BIM 成果进行整理并归档交付。

⑤项目总监在核查时,需要抓好质量控制点,做好事前、事中、事后 3 个环节的工作,对质量控制流程的正确性也需要进行审核确认。

3)过程检查质量控制

在工程建设的各个阶段,需要对检查内容、检查单位、参与单位、检查要点、检查频率等做出预先规划,以保证各个阶段的质量问题都能落实,也能得到及时有效的解决,从而保证项目的顺利进行。过程检查质量控制内容如表 2.25 所示。

表 2.25　过程检查质量控制内容

阶　　段	检查内容	检查单位	参与单位	检查要点	检查频率/验收时间
设计阶段	设计模型	建设单位、BIM 咨询单位	设计	是否按进度进行建模,模型是否符合要求	每半个月
施工阶段	施工模型	建设单位、BIM 咨询单位	设计、施工、监理	是否按进度进行模型更新,模型是否符合要求	1 个月
施工阶段	专项深化设计复核	建设单位、BIM 咨询单位	设计、施工、监理	深化设计模型是否符合要求	1 个月

对于各阶段的 BIM 模型,具体的质量控制方法如下:

①目视检查。确保没有多余的模型组件,目测和直接测量外观缺陷等。

②冲突检查。由冲突检测软件检测两个(或多个)模型之间的冲突碰撞问题。

③标准检查。检查 BIM 模型是否符合规定要求的准则。

④元素验证。确保 BIM 模型中没有未定义或者定义不正确的元素。

对于 BIM 质量检查的结果,采用表格形式进行记录,并以书面记录的方式反馈给建设方,同时提交给本项目的相关参与方。对于不合格的模型和报告,将拒绝接收,并指明不合格的原因、整改意见和再次递交时间。合格的模型和报告将被批准接收,同时以书面记录的方式反馈给各相关参与方。

4)质量控制云平台

云平台在质量方面的使用可以提高质量问题的处理速度,明确质量问题的责任方,有利于 BIM 质量问题的控制。

利用质量管理云平台,可以将质量问题描述上传,形成质量报告,进行周期性地汇总归纳。对于质量问题,应指明质量问题成因,并提交给相关参与方,追踪其整改情况。整改或处理完成,应将整改情况以相同的方式上传至云平台,并注明相关整改信息,形成有据可查的责任路线,有利于实现质量管理 PDCA 循环。

2.4.4　BIM 实施规划的协同管理

一个建筑项目的全生命周期包含设计、施工、运营等各个阶段,项目的顺利实施也需要建筑、结构、安装等各个专业之间的协作与配合。如何将不同专业协同在一起,如何建立各参与方的协调机制,使其在同一个建筑项目中发挥各自的优势,实现最大效率,是项目实施规划必须控制的重点。

随着 BIM 应用的推广,项目参与各方的协作方式正在发生改变,协同管理模式成为工程发展的必然趋势。为了保证 BIM 实施的有序进行,必须有计划、有组织地进行 BIM 协调管理,目前比较普遍并且高效的管理方法是,开展不同阶段的 BIM 模型协调会议以及建设 BIM 协同工作平台。

1)设计阶段 BIM 模型协调会议

设计阶段的 BIM 模型协调会议一般是建筑设计方与项目参与各方进行沟通来完善模型数据。设计阶段的 BIM 模型协调会议一般分为概念设计阶段、初步设计阶段和施工图设计阶段。概念设计阶段主要是建设方与设计方进行沟通,完成业主对方案的要求;初步设计阶段是项目各参与方根据设计单位提供的模型提出可行性意见;施工图设计阶段是设计方根据初步设计阶段的可行性意见进行修改完善,展示专业深化设计模型。在设计阶段,经过模型协调会议的商讨,各个专业的设计成果、不同专业的设计意见能够进行集成、协调、修改和校核,最终形成较为完善的施工图纸。

2)施工阶段 BIM 模型协调会议

施工阶段的 BIM 模型协调会议主要由施工方展示施工模拟,并就施工的重难点和变动问题向参与各方进行演示与说明。对于修改变动后的各专业综合模型、碰撞模型及修改方案也需要在会议上进行展示,听取其他各参与方的可行性意见。

BIM 技术的目标是建筑全生命周期的协同工作,构建基于 BIM 和互联网、云计算、大数据技术的施工协同平台,能够真正实现施工过程中各部门、各专业施工人员对建筑信息模型的共享与转换。

3)BIM 协同工作平台

随着互联网技术的发展,基于网络的协同设计管理系统开始步入人们的视线,在这种设计管理模式下,不同的 BIM 软件和系统之间通过网络进行数据交互和模型共享,设计、施工等企业的协同也通过网络进行信息传递。因此,有潜在需求的企业可以通过建立 BIM 协同工作平台来进行协同管理。

针对建设项目的设计协调,如以 BIM 为基础的协同平台为中心,所有的设计信息都将存储在协同平台中,且设计以三维可视化形式进行展示,设计总控方通过查看协同平台的所有信息,并据此进行沟通协调。设计阶段协同平台管理的是不同专业设计师的项目模型。在设计过程中,各专业设计师通过使用同一套标准并行完成同一个设计项目,在各专业工程师设计自己本专业的模型的同时,还可以通过协同平台查看其他专业模型,在设计时就避免了不同专业间的模型冲突,使得基于三维模型的沟通相较于模型协调会议更加及时且准确。

而对于施工协调,构建 BIM 施工协同平台的目的主要是共享经过深化设计的施工工作模型,平台使用人员主要以使用模型集成施工阶段信息为主,通过客户端在模型中插入、提取、更新和修改信息,来支持和反映各自职责的协同作业。在施工阶段,协同平台不需要强大的图形编辑能力,而需要与模型构件相关的信息编辑功能、数据分析功能和图形显示功能。在这个过程中,各个施工人员和管理人员可以通过施工协同平台实时上传和调取与模型关联的相关信息(如施工过程中产生的人、材、机信息,施工技术资料,现场质量,安全资料,进度数据等),不同的施工人员和管理人员之间的信息传递和协调可以直接通过线上按程序实时进行,不需要集中在会议上解决,沟通较为及时,且问题解决时的责任划分能有根可溯。

项目协同平台的建立虽然对于信息传递较为及时,但是项目 BIM 团队不应依赖协同平台作为项目沟通的唯一方式。协同平台主要解决的问题是信息互换,而不是协作。BIM 团队还是应定期举行 BIM 协作会议,参与设计例会、深化设计例会、BIM 专项协调会等会议并制作会议纪要,在会议上团队成员可以见面讨论设计和施工问题,使用模型作为共享资源。会议举行的周期取决于项目的目标、BIM 的用途及项目 BIM 团队成员的能力。

除了 BIM 协同平台和模型协调会议,BIM 实施规划的协同管理方式应该更加多样化,这样项目各参与方才能将 BIM 技术融入日常工作,积极开展各类 BIM 工作以辅助工程建设的顺利进行。

另外,在 BIM 实施规划中,BIM 项目团队应就 BIM 团队成员如何及以何种方式协同使用 BIM 达成一致。涉及模型的所有项目利益相关人均应制订项目特定的 BIM 项目实施方案并就其达成一致,此方案应包括各方之间交换信息的要求,以及拟进行的与模型之间的互动。

通过与各参建单位协商确定合适的协调方式和保障措施,建立相应的沟通协作平台,如项目会议(协调会、例会、交底会等)、项目讨论组(网络平台,相关 BIM 软件平台),定期对项目进度、存在问题、技术讨论、成果评价等内容进行沟通协调,明确项目相关各方的 BIM 应用责任、技术要求、工作内容、工作进度等,充分预见在 BIM 实施中可能出现的人员偏见、矛盾,避免项目参与人员对 BIM 实施有抵触情绪。此外,项目管理层也要承担起岗位职责,清醒认识、及时协调,确保项目顺利有序实施。

2.4.5 应用价值评价

建筑工程中应用 BIM 技术不仅可以提升项目效益,向业主交付更好、更快的产品,而且可以使部署 BIM 的公司直接获益,使企业应用价值得到增值。

一般在 BIM 正式实施之前,BIM 团队需要根据项目特征、难易程度等,结合相似的 BIM 应用案例,制定 BIM 应用目标,即预期 BIM 应用价值。BIM 应用目标包含总体目标和阶段性目标,在 BIM 实施过程中,可以根据各个阶段的里程碑计划以及阶段性详细目标与实际 BIM 应用价值进行对比,判断项目实施中预期目标是否实现,进而对 BIM 实施规划加以控制。

BIM 应用价值的评价一般包含企业级和项目级的应用价值评价。

在企业级 BIM 应用价值评价中,团队和组织能够评估自己在使用 BIM 方面的能力,也可以将其进展与其他从业者进行基准比较,使团队和组织能够一致地度量自己成功和(或)失败的可能性水平。对于企业而言,应用 BIM 可以带来的七大内部效益如表 2.26 所示。

表 2.26　企业七大内部效益

序　号	企业应用价值(内部效益)
1	提升企业作为行业领导者的形象
2	缩短客户审批周期
3	提供新服务
4	拓展新客户
5	维持既有客户
6	提升利润
7	减少法律纠纷或保险索赔

对于项目效益的应用价值评价,斯坦福大学 CIFE 中心通过对 32 个项目的 BIM 应用效益的统计得出,BIM 技术的应用可以将未列在预算中的变更量减少 40% 以上,将造价估算的准确度控制在 3% 以内,并缩短 80% 的造价估算时间;通过冲突检查可以降低 10% 的合同价格,缩短 7% 的项目工期,从而尽早实现投资回报。BIM 技术的应用除能加快进度、节约投资外,在项目功能完善、实物质量提升、减少浪费以及节能环保等方面也有一定的价值增值。

BIM 技术应用价值的评价方法主要有定性评价、定量评价和混合评价 3 种。

1)定性评价

定性评价是将 BIM 工作成果从性质属性上进行评价,说明其对项目管理过程、项目管理目标有何种趋势的影响。对于质量的影响,一般采用定性评价的方法。

2)定量评价

定量评价是将 BIM 工作成果采用模拟比对法,计算出若未使用 BIM 和使用 BIM 后可能带来的差异。对于造价和工期的影响,一般采用定量评价的方法。

3)混合评价

混合评价是指既采用定量方法对某些指标进行评价,又采用定性方法进行评价的混合评价方法。对于企业 BIM 应用价值评价,一般采用混合评价的方法。

在项目管理全过程中衡量 BIM 应用价值,可以通过对 BIM 应用价值进行分解,创建 BIM 在项目管理中应用的价值评价体系,最终达到辅助业主进行项目管理,实现特定管理目标的目的。

BIM 协同管理

现今众多企业采用协同作业的方式,以面对高度竞争的环境。*Construction Collaboration Technologies* 一书给出了"协同作业"的定义,是指一个项目由两个及以上的单位共同合作,以协同合作流程组成整合团队共同合作,达成虚拟整合。

建设工程通常以跨专业及跨领域的合作方式进行,规模庞大的工程可能有更多不同专业的技术人员一起参与,但是因为不同专业各自的协调作业方式不一定相同,沟通与协调就成为非常重要的事情,除此之外也会有许多不同单位及部门人员的参与,所以更应该针对整个工程项目建立协同作业模式,让协同工作更顺利地进行。

随着 BIM 技术的成熟普及,越来越多建设项目会通过 BIM 技术进行建设项目的整合管理,BIM 技术能提供更多设计及建造可能性的基础,但是也会改变建设项目团队间的关系和角色扮演,且 BIM 协同管理的组织架构与流程设计会随着建设项目的角色与建设项目的阶段而改变。

3.1 业主方的 BIM 协同管理工作

3.1.1 业主方 BIM 应用的组织模式

业主方通常不会直接建立 BIM 模型,在 BIM 应用部分,业主方主要是使用设计承包方或施工承包方建立的 BIM 模型浏览或者开会讨论,因此在组织配置时,模型版次管理及模型浏览是主要考虑的工作项目。在业主方的组织模式下主要为 BIM 应用的操作,如表 3.1 所示,一般会有一位负责 BIM 模型版次管理的人员,确保所应用的 BIM 模型版次是正确的,例如业主方 BIM 模型的经理。除了 BIM 经理外,还会有 BIM 应用工程师,此工程师主要负责 BIM 模型浏览操作、确认 BIM 模型信息。

表 3.1   业主方 BIM 应用组织模式

职　称	使用 BIM 模型目的
BIM 经理	BIM 模型版次管理
BIM 应用工程师	BIM 模型浏览操作、确认 BIM 模型信息

3.1.2   业主方 BIM 模型协同管理的原理与方法

业主方 BIM 模型协同管理的原理如图 3.1 所示。业主方拿到 BIM 模型时，BIM 经理会先确认模型版次及其与前次版本有何差异，进行模型的版次管理并为其编列编号；模型版次编号完毕，BIM 应用工程师会使用 BIM 模型进行操作浏览，或者在会议上使用模型进行讨论，业主方会将讨论的结果和修改调整的地方告知模型提供者，模型提供者再进行模型修改。

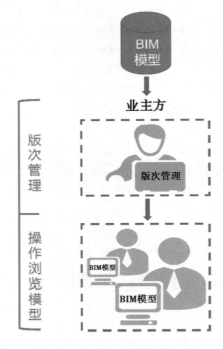

图 3.1   导入 BIM 的成本项目架构图

3.1.3   业主方 BIM 模型协同管理的组织与流程设计

表 3.2 为业主方使用 BIM 模型进行协同管理的组织及参与人员。如 3.1.1 节所述，在业主方会有 BIM 经理负责 BIM 模型版次管理，BIM 应用工程师负责 BIM 模型的操作浏览，在会议时使用 BIM 模型进行讨论；而模型的提供单位，也有 BIM 经理进行 BIM 模型版次管理及 BIM 模型复核，BIM 工程师则负责建立业主所需要的 BIM 模型。

表 3.2　业主方 BIM 模型协同管理的组织

单　位	职　称	使用 BIM 模型目的
业主方	BIM 经理	BIM 模型版次管理
	BIM 应用工程师	BIM 模型操作浏览、确认 BIM 模型信息
模型提供单位	BIM 经理	BIM 模型版次管理、BIM 模型复核
	BIM 工程师	建立 BIM 模型

3.2　设计阶段 BIM 模型协同工作

3.2.1　设计阶段 BIM 模型协同管理的原理与方法

设计阶段 BIM 模型协同管理的基本参与人员为项目设计单位工作人员,以下针对设计阶段 BIM 模型协同管理的方法进行说明。

在设计阶段建筑设计单位可以使用 BIM 模型进行设计,依据此建筑工程项目的大小及复杂程度来配置 BIM 建筑设计师的人数,项目内的 BIM 建筑设计师会用协同作业的方式共同设计该建设工程。图 3.2 为设计阶段 BIM 协同作业方式示意,首先会设有一个 BIM 模型中央文件,而 BIM 建筑设计师则会由中央文件另存一个本端 BIM 模型文件,每位 BIM 建筑设计师会在自己的本端文件建立或修改被分配到区域的 BIM 模型,再将自己编修过的文件与中央模型同步,当其他 BIM 建筑设计师也依上述同步模型时,就会看见其他设计师所编修或建立的部分,这就是设计师之间 BIM 模型的协同作业。

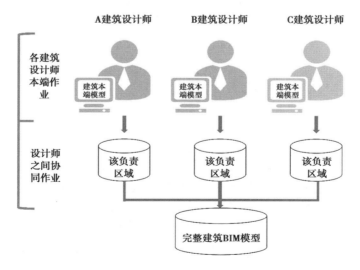

图 3.2　设计阶段建筑设计单位 BIM 协同作业方式

建筑工程项目通常会依照专业项目进行设计发包,例如建筑设计单位、结构设计单位、机电设计单位等,当建筑设计单位建立完 BIM 模型后,会提供给其他设计单位,其他设计单位可以连接建筑 BIM 模型作为参考,进行结构设计或机电设计。图 3.3 所示为设计阶段结构与机电设计单位 BIM 协同作业方式示意,若建筑设计有做调整,应请其他设计单位进行建筑模型的更新,以确保设计的正确性。

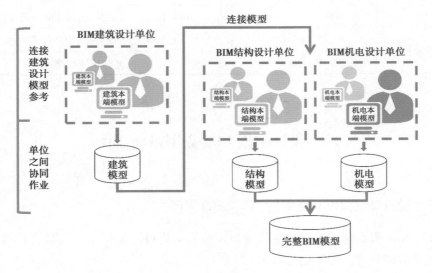

图 3.3　设计阶段结构与机电设计单位 BIM 协同作业方式

3.2.2　设计阶段 BIM 模型协同管理的组织与流程设计

设计阶段建筑工程在导入 BIM 技术时,可能会因为专业发包的原因,各设计单位会建立各自专业的 BIM 模型。图 3.4 为设计阶段常见的 BIM 模型协同组织。首先,建筑设计单位会使用 BIM 的方式进行建筑设计,设计完成的建筑 BIM 模型会提供给其他设计单位使用,然后,其他设计单位会将建筑 BIM 模型连接进各自的设计模型里作为参考,例如结构设计单位可将建筑 BIM 模型连接进结构 BIM 模型,作为在设计结构时的参考。

图 3.4　设计阶段 BIM 模型协同组织

表 3.3 为设计阶段各个单位使用建筑 BIM 模型进行协同作业的工作人员,以及其使用建筑 BIM 模型的目的。各单位皆应指派一人为 BIM 经理,由其负责 BIM 模型版次管理及 BIM 模型复核。BIM 模型版次管理需包括所属单位的 BIM 模型及用来参考的其他设计单位的 BIM 模型,BIM 工程师的人数会依照项目的规模大小及复杂程度来调整;BIM 设计师则负责建立各 BIM 设计模型。

表 3.3　设计阶段 BIM 模型各单位人员

单　位	职　称	使用 BIM 模型目的
建筑设计单位	BIM 经理	BIM 模型版次管理、BIM 模型复核
	建筑 BIM 设计师	建筑设计 BIM 模型建立
结构设计单位	BIM 经理	BIM 模型版次管理、BIM 模型复核
	结构 BIM 设计师	结构设计 BIM 模型建立、连接建筑设计 BIM 模型
机电设计单位	BIM 经理	BIM 模型版次管理、BIM 模型复核
	机电 BIM 设计师	机电设计 BIM 模型建立、连接建筑设计 BIM 模型

结构或机电设计单位在使用建筑 BIM 模型参考的过程中,若遇到建筑设计调整修改,则应重新连接更新版次后的建筑 BIM 模型,如此交换 BIM 模型信息的协同会一直持续到该项目结束。

3.3　施工阶段 BIM 模型协同工作

施工阶段作业流程通常会有较多厂商及单位参与,在工程招标后施工阶段 BIM 模型的协同工作除了会涉及业主、设计单位及总承包商之外,还会涉及许多施工分包商,以下针对施工阶段 BIM 模型协同工作进行说明。

3.3.1　施工阶段 BIM 模型协同管理的原理与方法

施工阶段建筑工程在导入 BIM 技术时,可能会由于专业的不同,建立的 BIM 模型也不同。不同单位建立的 BIM 模型必须要整合在一起才能进行全面考量,因此需经由协同作业来进行模型整合。

通过使用中央模型,协同作业可以同时让许多人存取共享模型;而使用连接模型,可以让项目中不同专业项目的成员共同合作时连接彼此模型,进行整合检查。

图 3.5 所示为 BIM 模型在导入建设项目时的协同作业方式。首先,不同专业的 BIM 模型建立单位会设有一个 BIM 模型中央文件,而该单位的 BIM 工程师则会通过中央文件另存一个本端 BIM 模型文件,BIM 工程师会在自己的本端文件建立或修改模型,再将自己编修过的文件与中央模型同步,当其他 BIM 工程师也如上述同步模型时,就会看见其他工程师所编修或建立的部分,这就是单一专业 BIM 模型的协同作业。

然而专业项目之间也需要进行整合,因此在建立 BIM 模型的过程中,各单位又会彼此连接其他专业项目的 BIM 模型文件,并且会反馈项目团队信息,这就是各专业 BIM 模型间的协同作业。

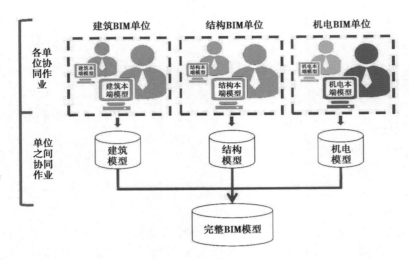

图 3.5　施工阶段 BIM 模型协同组织

3.3.2　施工阶段 BIM 模型协同管理的原理与方法

在施工阶段进行 BIM 模型协同管理的组织与流程,会因为该建设工程的建设模式不同而有所不同,例如"设计—招标—建造(Design—Bid—Build,DBB)""设计—建造(Design—Build,DB)""建设—经营—转让(Build—Operate—Transfer,BOT)"等。本节以"设计—招标—建造"建设模式为例,说明 BIM 模型协同管理的组织与流程设计。

在"设计—招标—建造"的建设模式下,业主在设计阶段会先委托建筑师进行建筑设计、拟定工程规范等;之后确定总承包商,总承包商和业主签订合约,制定工程承包内容,提供工程施工技术,负责将建筑设计建造成实体建筑物;与建筑师相同,总承包商通常会依据专业领域再将建筑工程拆分成细项,如机电工程、模板工程、装修工程等各专业承包商。专业承包商与总承包商分别签订合约,协助总承包商执行该专业工作,各专业承包商会依据设计图及规范来绘制施工图,施工图会提交给总承包商整合,确认没有问题后再请各专业承包商进行施工。

不同专业单位建立的 BIM 模型有所不同。图 3.6 所示为施工阶段常见的 BIM 模型协同组织,工作内容为建立结构、建筑及机电的 BIM 模型,并进行整合检查,例如机电设计单位的工程师在建立本端模型或修改完模型后,会上传到中央模型,通过中央模型与土建单位进行整合协同作业,建筑、结构设计单位也与此相同。建筑、结构和机电设计单位可以交换各自的信息,并通过协同作业进行确认并减少错误,而且能使建设项目在施工前期就开始进行整合检查,反馈给总承包商并及时指出需对方释疑之处,通过交换 BIM 模型的方式进行协同作业,共同完成建设项目的检查及整合工作。

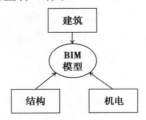

图 3.6　施工阶段 BIM 模型协同组织

表3.4 所列为施工阶段各个单位使用 BIM 模型进行协同作业的工作人员,以及其使用 BIM 模型的目的。各单位皆应指派一人进行 BIM 模型管理,BIM 工程师的人数会依照项目的规模大小及复杂程度来调整。项目经理使用 BIM 单位已经整合检查过的 BIM 模型进行浏览讨论,并反馈 BIM 单位施工现场状况,可避免 BIM 模型与施工现场不符的情况;BIM 单位的 BIM 经理负责 BIM 模型版次管理及 BIM 模型复核,BIM 工程师则负责建立 BIM 土建模型,并且会连接其他单位的 BIM 模型进行检查整合。

各 BIM 建立单位除建立所负责专业领域的 BIM 模型之外,最重要的是将自己所建立的 BIM 模型提供给其他单位使用,自己也必须参考其他单位提供的 BIM 模型,并反馈该项目团队问题。如此交换 BIM 模型信息的协同会一直持续到该项目结束。

表 3.4　施工阶段 BIM 模型各单位人员

单　位	职　称	使用 BIM 模型的目的
总承包商	项目经理	浏览 BIM 模型、讨论
BIM 单位	BIM 经理	各专业 BIM 模型版次管理、各专业 BIM 模型复核
	建筑 BIM 经理	建筑 BIM 模型版次管理、建筑 BIM 模型复核
	建筑 BIM 工程师	建筑 BIM 模型建立、连接参考其他单位 BIM 模型
	结构 BIM 经理	结构 BIM 模型版次管理、结构 BIM 模型复核
	结构 BIM 工程师	结构 BIM 模型建立、连接参考其他单位 BIM 模型
	机电 BIM 经理	机电 BIM 模型版次管理、机电 BIM 模型复核
	机电 BIM 工程师	机电 BIM 模型建立、连接参考其他单位 BIM 模型

第 4 章 | BIM Application

BIM 应用

4.1 项目不同参与方的 BIM 应用

由于建设项目参与方众多,而对于不同的参与方,其切入 BIM 的角度和看法也不相同,所以各参与方对于 BIM 技术的应用效益也是不同的。以下说明各参与单位相关 BIM 技术的应用。

4.1.1 建筑设计单位的 BIM 应用

建筑设计单位主要负责建筑设计工作,必须对建筑本身的造型、功能、性能甚至价值等关键指标负责。建筑设计师是整个建筑信息模型的主要创建者,可以通过 BIM 应用,实现改善建筑性能、提高设计品质等目标。

1) 建筑设计

建筑设计对于业主及未来的物业管理者而言,是一个很重要的形象及营销参考。通过 BIM 3D 视觉化及接近真实环境的呈现,可以根据需求选择模型中的任意位置和视角,让业主动态评估整个建筑环境及景观,如图 4.1 所示。

(a)建筑外观模拟   (b)室内配置模拟

图 4.1 设计视觉传达与沟通

2）环境影响分析

随着人们对生活及办公环境品质要求的提高,建筑设计师进行外观设计时,就必须慎重考虑其环境影响。在设计阶段,BIM 模型已具有基本建筑外观设计,可基于 BIM 模型来计算任意时间的日照和采光情景,也可进行通风环境分析,事先改善及调整建筑设计。良好的自然通风可改善建筑物性能,降低热负荷,达到一定的节能效果。建筑节能设计模拟如图4.2所示。

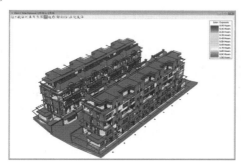 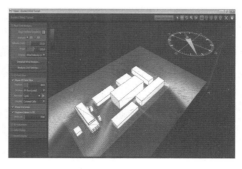

（a）日照模拟　　　　　　　　　　　　　（b）通风模拟

图 4.2　建筑节能设计模拟

3）变更设计

BIM 设计以 3D 模型为主,再切换不同视角输出工程图,因此设计人员直接在模型中变更设计就可同时完成所有图纸的修改,大幅缩短传统逐张图纸修改的时间及降低图纸的非一致性。变更设计流程如图4.3所示。

自动更新平面图　　　　　　　　变更 BIM 模型　　　　　　　自动更新立面图

图 4.3　变更设计流程

4.1.2　承包商的 BIM 应用

1）介面整合

介面整合的冲突分析必须同时考量空间与时间信息,在工程施工前能够依据设计的 3D 模型进行各细部管线空间分析及判断工程进度的合理性,分析完成后再进行冲突检查,利用检查后的结果提前进行设计修改,减少施工阶段变更设计,缩短施工时间。

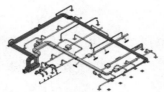

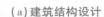
（a）建筑结构设计　　　　　（b）机电设计　　　　　（c）整合设计

图4.4　介面整合

2)4D 进度管理

4D 展示是基于原有的 3D 模型 X、Y、Z 轴的基础之上再加一个时间轴,将模型的形成过程以动态的三维模型方式表现出来,不仅可以减少规划者的凭空想象,而且可以实际模拟和呈现每个工程进度所必须完成的施工项目,极大地提升规划者对工期安排的精确管控水平。可以通过 4D 展示建筑物施工过程的所有重要构件的图形模拟,还可以按照施工时程及进度在 3D 建筑模型上标示不同颜色,表达建筑物件的单项施工实际进度情况。如此一来,不但可以更清楚地了解工程的施工状态,还可以通过 4D 视觉化的方式模拟工程中的每一建筑物单元每一时段的施工进度,让管理者从 4D 视觉化动态图形中掌握决策所需的信息,有效提升工程管理的绩效。4D 施工模拟示意如图4.5所示,图 4.6 所示为 4D 进度管理示意。

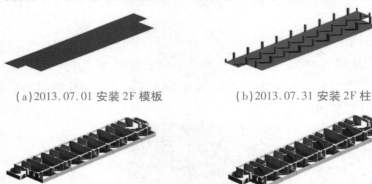

（a）2013.07.01 安装 2F 模板　　　　　（b）2013.07.31 安装 2F 柱

（c）2013.08.01 安装 2F 墙　　　　　（d）2013.08.31 安装 2F 楼梯

图 4.5　4D 施工模拟示意

颜色	施工状况
紫	于预定日期提早完成
绿	项目正在施工
黄	施工项目刚完成
蓝	于预定日期准备完成
橘	施工项目尚未开始
红	已超过预定日期尚未完成

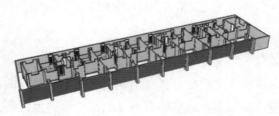

图 4.6　4D 进度管理示意

3)5D 成本管理

加上时间维度与成本维度后,通过 BIM 模型可导入不同的成本分析方法,如挣值分析方法,来协助进行项目管理及绩效评估,除了可以随着项目时间进行工程的模拟和管理之外,还可以了解工程每一阶段总的成本及预算执行率。此外,也可以通过查询 BIM 模型,了解某一笔成本项目是运用在哪一个工作项目上以及相关的 3D 工程物件上。5D 成本控制示意如图 4.7 所示。

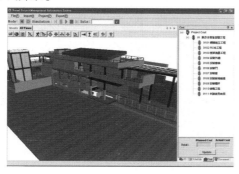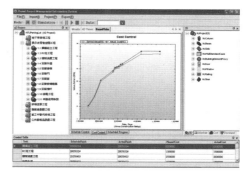

（a）BIM 模型关联成本维度　　　　　　　　　（b）成本分析

图 4.7　5D 成本控制示意

4)工程信息管理

信息技术日新月异,专业的建设管理单位逐渐开始利用信息系统来协助管理以及整合工程信息,希望通过信息技术的协助,做到更有效率和更及时的管理。信息系统首先需要考虑的是,如何将收集及整合后的信息清楚且正确地传达给使用者了解。

4.1.3　建筑产品制造商的 BIM 应用

面对复杂的建筑,制造商必须提供产品客户化及产品精致化服务,因此必须通过数字信息技术协助产品生产,以实现精密组装。BIM 模型是最佳的解决方案,可以通过 BIM 模型设计及模拟切割尺寸,产生数字资料供计算机数控系统（Computer Numerical Control,CNC）制造切割。另外,许多厂商也开始提供 BIM 元件供设计及施工单位使用,可以更精确地表达视觉效果,进行冲突分析,并提供设备采购服务。

1)数字制造

如图 4.8 所示,可利用 BIM 模型进行数字成型以协助特殊造型构件的设计,或者通过数字模拟组装以确认可行性,降低返工,提高生产精度与效率,并加速推进预制工法,取代现场施工。

2)BIM 元件交换与共享

设备制造商可以提供 BIM 完整元件供设计单位及施工单位使用,提升自己产品的采购及使用率。在美国执行的 Specifiers Properties information exchange（SPie）中,制造商所提供的 BIM 元件可以完全描述自己的产品资料。SPie 元件示例如图 4.9 所示。

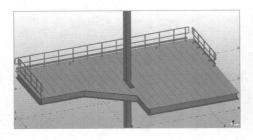
（a）

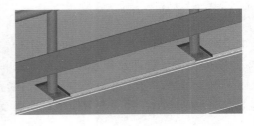
（b）

图4.8　自动建立格栅板快速切割相应构件

UFGS Section and Date	UFGS MAY 2012	08 52 00	WOOD WINDOWS　08/11
OCCS Table 23 Properties	OCCS MAY 2012	23-17 13 15	Wood Windows
Name	COBie Guide	n/a	Type XX Space#-01
Type	COBie Guide	n/a	Type XX
Location	COBie Guide	n/a	space name
Placement	COBie Guide	n/a	space - ceiling - wall - chase - site - roof
Basis-of-Design Manufacturer	COBie Guide	n/a	non-proprietary - proprietary
Basis-of-Design Model	COBie Guide	n/a	manufacturer's model number
Basis-of-Design Notes	COBie Guide	n/a	insert notes
Sustainability	COBie Guide/UFGS 1.4		regional - low voc - low toxicity - recycled content - certified wood - nauf
Window Material	UFGS 2.1	n/a	Virgin Lumber - Engineered Wood
Window Type	UFGS 2.2	n/a	Shingle Hung - Double Hung - Awning - Casement - Horizontal Sliding - Stationary
Window Finish	UFGS 2.4	n/a	paint - PVC clad - aluminum clad

图4.9　SPie 元件示例

4.1.4　业主的 BIM 应用

业主是 BIM 模型的最终使用者,由于 BIM 集成模型保留了建筑全生命周期的图形及非图形信息,可节省传统设施管理系统中的人力成本与时间成本,并降低人为错误的可能性。业主可以利用集成模型提供设施空间及相关联的设备使用情况信息,以便进行设施空间与资源的管理。此外,还可根据使用需求调整空间规划方案。传统设施管理多依靠人工上报设施问题及位置,然后安排人工现场检查并进行维修决策,之后再派人工进行维修,这种方法耗时耗力,不仅无法及时正确掌握现场状况,且反应时间慢,加上若没有完整正确的建筑物或设施信息,便容易发生误判。BIM 技术是以 3D 模型展示为基础,结合设施工程等各种相关信息的工程资料模型,可用来进行建筑物或设施的整合管理,辅助建筑设施的空间管理,模拟建筑设施内外部的视觉效果,也可以清楚地显示建筑设施各功能区的空间分布。当有维修需求时,管理人员可及时通过 3D BIM 模型环境检查和了解问题发生的正确位置,并由资料库取得所需相关建筑信息与维护管理信息,减少需要派工现场检查才能进行维修决策的人力与时间成本。若加上良好的维修记录,则能大幅缩短维修时间,提高管理效率及客户满意度。设施属性查询及定位如图4.10 所示。

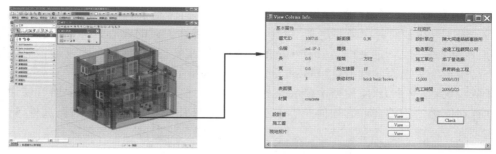

图4.10 设施属性查询及定位

4.1.5 BIM 应用数据标准

Open BIM 是由 buildingSMART 和几个使用开放的 buildingSMART 信息模型的软件供应商共同发起的。Open BIM 是基于一个开放标准和工作流程,来进行协同设计、建筑建设的一种方式。目前有两种主要的数据标准:IFC 信息交换标准及 COBie 信息交换标准。

1) IFC 信息交换标准

为了提升项目全生命周期各阶段资料交换的效益,buildingSMART 提出 BIM 国际工业基础类信息交换格式 Industry Foundation Classes(IFC)。该格式通过物件导向概念将工程项目中的具体构件、流程及关系等信息进行物件化,提供一个可储存几何、非几何以及不同维度信息的模型结构。IFC 的发展历程如图4.11所示,可以看出 IFC 自1997年以来已进行多次版本变迁,目前最新的版本为 IFC2×4,又被称为"IFC4",该版本也被誉为"最接近 Open BIM 概念的版本",也是最能完整地描述建筑物件并且可自由地在不同软件之间实现信息交换的 IFC 模型。近年来,虽然大部分 BIM 软件仍对 IFC2×3 版本支持度较高,然而 IFC4 版本也开始陆续被纳入 BIM 软件的信息交换选项之中,可见未来 IFC4 终会取代 IFC2×3 版本作为 BIM 信息交换的主要 IFC 版本。

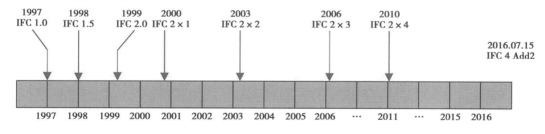

图4.11 IFC 的发展历程

如图4.12所示,该模型切分出领域层(Domain Layer)、互通界面层(Interop Layer)、核心层(Core Layer)与资源层(Resource Layer)4大层级,以促进使用者更明确地了解整个模型的结构与内容。各层级的相关介绍如下:

①领域层:该层级为整个 IFC4 模型的最高层级,主要定义完整的构件族库供 ACE/FM 领域使用,例如:机电、结构分析及空间信息等特定领域使用的构件族库。

②互通界面层:该层级定义项目中会与其他层级构件有所关联及共同使用的构件或者概念,前者包括建筑结构及设施等物件,后者包括空间或管理等物件。

③核心层:本层级可以再细分为定义整个 IFC 模型构件基本概念和属性构成的基本核心层(Kernel)与基于前者在延伸定义不同构件特有的属性关系的核心延伸层(Extension)两个部分,例如:核心层会定义产品(IfcProduct)所具有的几何与位置信息,而延伸核心层则会定义产品中再细分出来的柱构件(IfcColumn)所具有的特定类别信息。

④资源层:是整个 IFC4 模型中最底层的资料结构,主要定义各个层级中均可使用且具有独立存在能力的构件,例如:构件的类别定义(数值、字串及识别码等)、坐标、属性等。

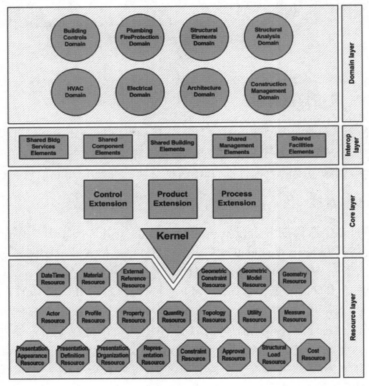

图 4.12　IFC4 模型架构图

2) COBie 信息交换标准

COBie(Construction Operations Building Information Exchange)标准是由美国陆军工兵单位提出的,目的是在建筑物设计施工阶段就先考虑未来竣工交付建设单位时,设施管理所需要的信息收集整理,这对建筑物在运营维护阶段建立一套有效的设施管理机制相当有帮助。COBie 标准也称为"施工运营建筑信息交换标准",主要是说明与定义在设计、施工及运营阶段和管理过程中,如何更新与获取所需的信息交换技术、标准与流程。这些数据资料由建筑师或者工程师提供楼层空间和设施布局,由承包商提供设施产品序号、型号等。凡从事建筑生命周期中建筑项目的各参与人均可在各阶段输入相关资料,以方便后续管理人员使用。COBie 标准应用至今逐渐受到世界各国的重视。美国 NBIMS 标准及英国国家标准(BS 1192 – 4:2014)也都已经将 COBie 纳入其参考标准之中,而 BIM 软件商也争相采用(如 Autodesk Revit 及 Bentley AECOsim 等),开发可支持 COBie 标准的功能及相关工具。COBie 标准可以通过简易的 SpreadSheet 电子数据表格来进行数据交换,其资料结构如下所述:

①所有资料类型均在一个工作表内:COBie 电子数据表格中可包含项目整个生命周期

所交换的信息和数据；

②工作表标准格式：COBie电子数据表格（图4.13）是以预设好的标准格式来支持CO-Bie标准；

③颜色分类：COBie电子数据表格每个颜色代表不同的意义（表4.1）；

④清单可以连接工作表中的信息；

⑤可参考外部文件档案；

⑥可被客户化。

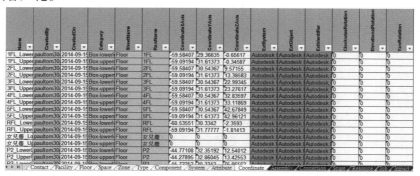

图4.13 COBie电子试算表范例

表4.1 电子试算表格颜色代表的意义

颜　色	代表意义	颜　色	代表意义
黄	必要信息	灰	次要信息（当有设备资料时）
橙	参考其他表或选择列表	蓝	区域、所有者或设备的具体资料
紫	项目所需信息	黑	未使用
绿	选择性信息		

图4.14说明了COBie的SpreadSheet在整个生命周期的流程，COBie电子数据表格在整个生命周期中连接设计、施工到项目交付的工作阶段。

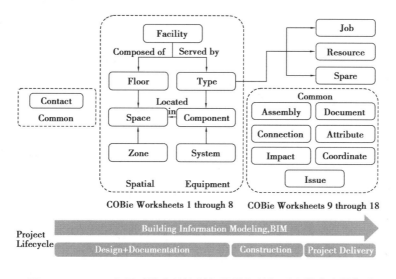

图4.14 COBie电子试算表的资料架构及与其相对应的生命周期流程

4.2　基于 BIM 技术的施工进度控制

进度管理在施工阶段是相当重要的一环,进度延误不但会增加施工成本,还会因赶工影响工程质量,因此应妥善规划并随时掌握及管控进度,使其在最低成本下发挥最高效用。BIM 在进度管理中的应用可提高进度管理的效率,可将其应用在工程项目施工的进度计划编制和进度控制等方面。

进度计划编制 BIM 应用应根据项目特点和进度控制需求进行,即需要根据合同及项目工作说明书来定义项目范畴,包括里程碑节点计划、里程碑计划的检查和考核,项目交付工作计划、要求及限制等,这些都是未来项目管理、评估及决策的基准。然后再将项目工作按阶段可交付成果分解成更小的部分,即所谓的 WBS(Work Breakdown Structure)工作分解结构,以利于工程监理单位对项目的管控。进度管理即是希望工程项目按既定的目标方向进行,并按照项目计划来监督这些已定的项目工作,以确保项目能准时完成。

进度控制 BIM 应用过程中,应对实际进度的原始数据进行收集、整理、统计和分析,并将实际进度信息附加或关联到进度管理模型。

传统工期规划主要利用关键路径法(CPM)来绘制各项工作的工期之间的关联性,这种作业方式无法实时地发现施工中潜在的危机或错误,若能将规划设计阶段的 3D 建筑信息模型与施工阶段的实时数据相连接,就能够让使用者预先模拟动态的施工过程,并从中了解工程潜在性危险及问题,以便及早处理,这种方法称为"4D 展示方法",如图 4.15 所示。4D 展示方法是在原有的 3D 模型 X、Y、Z 轴的基础上,再加上一个时间轴,将模型的形成过程以动态的三维模型方式表现出来,可以减少规划者凭空想象的空间,且可以实际模拟展现每个工期进度所必须完成的施工项目,这有利于提升规划者掌握在时间安排上的精确度。

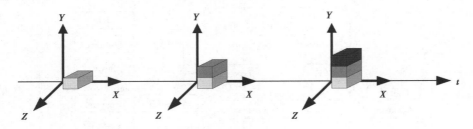

图 4.15　4D 展示方法概念

4.2.1　基于 BIM 技术的进度控制工作内容和流程

如图 4.16 所示,在工程项目建设中,施工单位需要定期交付工程进度的相关资料,如施工计划书、设计图说明及施工详图等,而工程监理单位必须汇总整理其交付的进度资料,并依据施工单位所交付的资料构建 4D BIM 模型,进行工程进度管控、检讨工程进度及评估进度绩效。4D 展示不仅仅是一种多形态的表现方式——使用者可以通过 4D 展示看到建筑物施工过程的所有重要构件的图形模拟,还可以利用系统依照施工时间及进度在 3D 建筑物模型上标示不同颜色,表达建筑物的单项施工实际进度状况,如此一来不但可以更清楚地了解工程目前施工状况,还可以通过 4D 可视化的方式模拟工程中每一建筑物单元每一时段的施工进度,让管理者从 4D 可视化动态图形模拟中来掌握决策所需的信息,有效提升工程管控的绩效,最后产生进度报告及绩效报告,供业主了解工程目前进度及状况。BIM 在进度控制应用中的交付成果宜包括进度管理模型、进度预警报告、进度计划变更文档等。

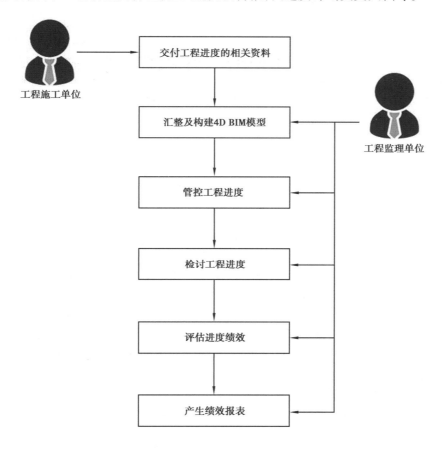

图 4.16　基于 BIM 技术的进度控制工作内容

　　在进度控制中,工程项目施工中的实际进度和计划进度跟踪对比分析、进度预警、进度偏差分析、进度计划调整等宜应用 BIM。在进行进度对比分析时,应基于附加或关联到进度管理模型的实际进度信息、项目进度计划和与之关联的资源及成本信息,对比项目实际进度与计划进度,输出项目的进度时差;在提前制定预警规则并明确预警提前量和预警节点时,应根据进度时差,对应预警规则生成项目进度预警信息;而项目后续进度计划应根据项目进度对比分析结果和预警信息进行调整,进度管理模型应做相应更新。进度控制 BIM 应用典型流程图如图 4.17 所示。

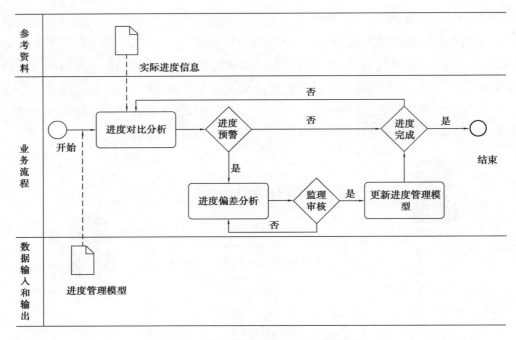

图 4.17　进度控制 BIM 应用典型流程图

4.2.2　基于 BIM 技术的施工过程模拟

施工模拟是 4D BIM 模型最常应用的工作,它将规划设计阶段的 3D 建筑模型与施工阶段实时的数据加以链接,让使用者能够预先地动态模拟施工过程,并从中了解工程潜在性危险及问题,以便及早处理。

在施工模拟前,应制订工程项目初步实施计划,形成施工顺序和时间安排。在施工过程中,根据模拟需要将施工项目的工序安排、资源配置和平面布置等信息附加或关联到模型中,并按施工组织流程进行模拟。其中,工序安排模拟应根据施工内容、工艺选择及配套资源等,明确工序间的搭接、穿插等关系,优化项目工序安排。在施工组织模拟过程中,应及时记录工序安排、资源配置及平面布置等存在的问题,形成施工组织模拟分析报告等指导文件。施工组织模拟完成后,应根据模拟成果对工序安排、资源配置、平面布置等进行协调和优化,并将相关信息更新到模型中。4D 施工模拟展示示意如图 4.18 所示。

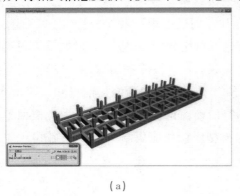

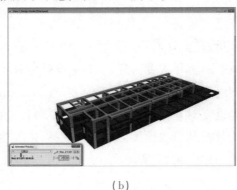

（a）　　　　　　　　　　　　　　　　　　　　　　（b）

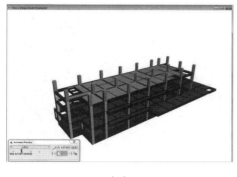

（c）　　　　　　　　　　　　　　（d）

图 4.18　4D 施工模拟展示示意

　　整合设计的界面冲突分析必须同时考虑空间与时间信息,冲突状况不仅只发生在静态设计上,很多冲突状况还会发生在施工次序上,这些动态冲突必须依据 4D BIM 模型进行动态模拟才能发现。如图 4.19 所示,大型设备在设计配置上有足够的空间可以配置,不会造成设计冲突,但是在施工次序上却会因为先安装进出口门而产生无法搬运到指定地点的工序冲突。通过 4D BIM 静态及动态冲突检查,在工程建造前能够依据 4D BIM 模型进行各细部设备管线空间分析及判断工程排程的合理性,分析完成后再进行冲突检查,利用检查结果提早进行设计修改,减少施工阶段设计变更,缩短施工时间。

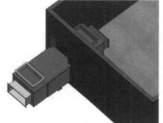
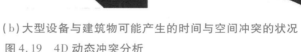

（a）设计配置状况　　　　　（b）大型设备与建筑物可能产生的时间与空间冲突的状况

图 4.19　4D 动态冲突分析

4.2.3　基于 BIM 技术的施工进度控制与分析

　　4D BIM 除了可提供动态模拟工程建设的过程之外,也可以供厂商自主管理,协助业主实时掌握工程进度及协助监造,或是专业建设管理单位进行工程进度监控。在施工阶段,施工单位记录每日实际施工项目及数量,如实际开工日期、实际完工日期、施工项目数量等,系统以规划阶段的计划开工日期、计划完工日期为基础,进行比对运算,系统可根据用户定义的颜色表来显示特定日期工程进度状况。如图 4.20 所示,系统会将计划与实际进度比较分析后,将结果可视化展示,如红色表示正在施工中、黄色表示刚完工、蓝色表示已完工及橘色表示尚未施工等颜色区别,供工程监理单位参考使用。

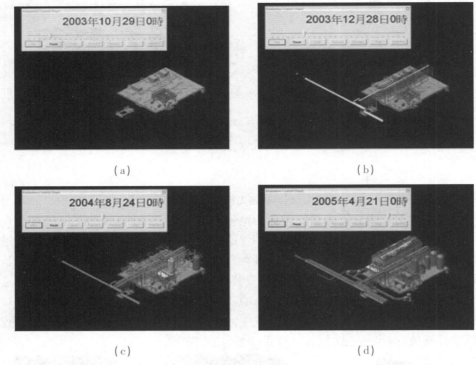

图 4.20　4D 进度可视化展示

相关系统也可以展示整体进程状况,以供进度管理。如系统会在各工项时程的"Status"字段上出现几种不同的状态,如提前施工、提前完工或准时施工、延后完工等,这些不同的状态都会有各种不同的标示来作简单的区别与说明,如图 4.21 所示。

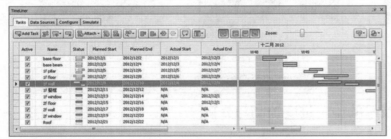

　　　为准时施工、延后完工

　　　为准时施工、准时完工

　　　为提前施工、延后完工

图 4.21　工程排程进度可视化展示

4.3　基于 BIM 技术的成本控制

　　自从建筑工程导入 BIM 后,在工程上花费的时间与工程的质量,都有了大幅改善,除了减少了因错误而返工的情况外,还省下了处理错误花费的时间,甚至在未建造前就通过模拟技术,控制了工程的质量,并有了可额外替代的方案,通过 BIM 降低成本与掌握进度,获得了良好的效益。在成本控制 BIM 应用中,应根据项目特点和成本控制需求,编制不同层次、不同周期及不同项目参与方的成本计划,即在导入 BIM 之前,应先经过多方的规划,了解自身所需的 BIM 项目,对需求项目做细部详列;通过详列的项目,再加以衡量合适的方案,为其项目设计与配置,自行量身打造专属的 BIM,设计其导入 BIM 的机会成本最低配置方案,才能更有效地获得 BIM 所带来的最大效益。而在成本管理 BIM 应用中,还需要对实际成本的原始数据进行收集、整理、统计和分析,并将实际成本信息附加或关联到成本管理模型,定期进行三算对比、成本核算和成本分析工作。

4.3.1 基于 BIM 技术的工程预算

建筑工程中除按质量要求和工期要求完成工程外,最重要的就是计算工程的花费与获利,而在计算获利与花费前首要的任务便是成本估算。BIM 技术应用也有自身的应用成本,其花费也是成本估算的内容之一。图 4.22 所示为导入 BIM 的成本花费架构图。

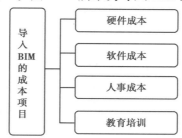

图 4.22　导入 BIM 的成本花费架构图

1) 硬件成本

导入 BIM 首要必备的成本即为硬件成本。使用 BIM 所需的硬件设备可能是计算机、点云扫描等仪器,尤其是计算机方面的硬件设备,其着重于内部可达到的效能,以 CPU 为核心,内部可存放的容量、显示适配器、显示器、操作系统、硬盘等,上述硬件设备皆会影响 BIM 软件的流畅性、构建模型时的作业速度,以及浏览视图时的呈现等。为方便接续操作 BIM 软件,在采购硬件设备前,应先针对使用的 BIM 软件,对所需的硬件设备效能进行评估,并选择其所需且合适的软件或硬件作为使用 BIM 的工具,然后针对细部条件选取软件所需的功能,根据导入方的现状调整方案,如仅需更新现有的软件,或者增购现有的硬件设备等。不同的状态所花费的成本也有所不同。

2) 软件成本

在拥有可使用 BIM 的硬件设备后,后续的成本则为用于操作 BIM 的软件。依据不同工程阶段或使用的需求,有不同种类与功能的 BIM 软件或平台,分为构建模型、美化模型、浏览模型、管理模型、检讨分析模型等。根据工程所需完成项目的精细程度,选择合适的软件或平台。少数的 BIM 软件与平台为免费使用,或仅提供给特定的在校师生,如教育版本为免费使用,其余则需额外购入,收费方式则依产品公司提供的方式支付,如依据年、月作为收费时间,而完成一个工程大多需要借助多个 BIM 软件,通过各软件提供的专业功能,并依靠BIM 平台整合完成该工程所需的项目。另外,与硬件设备情形类似,软件设备可根据导入方的现况与需求进行调整。

3）人事成本

在导入 BIM 的硬件设备备齐，购入项目所需的 BIM 软件或平台后，人员与 BIM 的管理与应用则为另一重要成本。从导入 BIM 到建筑工程中，操作 BIM 软件与平台的专业人员、管理建筑工程项目的 BIM 经理，或工程项目的管理者，皆需拥有一定程度的 BIM 知识，根据所需的专业程度有所区分。在人事管理成本上，建筑工程公司则需额外聘请专业人员，培养专业操作使用人员、专业教育培训人员等，甚至依照工程项目的规模，也开始发展出自行编写的程序，以提高构建模型的效率，再考虑依照所需编写程序的专业程度，也可能需额外再聘请专业程序教学人员做培训。另外，培训完成后的专业操作人员，也有可能离开而前往其他公司，对公司造成重大亏损。在导入 BIM 的成本中，人事管理是四项中最难估算与管控的 BIM 导入成本，虽然也可依情况做后续调整，但无法预料其完成后的成效。

4）教育培训

BIM 本身包括的领域众多，对于不同阶段、不同需求，所需的 BIM 专业能力也有所差异。规划设计阶段的模型精细度通常不需要太细致，可能仅为外观信息，到施工开始时需详附机电管线的材质、型号等精细度完整的信息，这影响到培训的方向与花费，不同软件、平台的专业所需也是如此。若是应用型专业，即便安排了周全与专业的教育培训，培训人员能将所学专业知识进行实际应用，距离完整发挥仍有一定差距，因为许多是经年累月累积的专业知识，培训人员并不能完全融会贯通，只能针对所提及的情况做出应对。

在教育培训中，完整流程的规划、实际操作，到最后的成效，皆是所有成本均应包括的项目，纵然许多公司会聘请专业的 BIM 咨询公司为其做专业导入规划，但因实际人员的学习情况与实际应用时有差异，可能造成培训人员培训时间过长，或产生抵触心理，不愿学习 BIM。在公司无法了解真正的情形时，需在一定时间内培养出专业人员，便会因该项原因增加其在教育培训上预期成果以外的成本。因此，企业为了实现 BIM 专业人员的需求，需要根据面临的各项情况增加在教育培训上的成本花费。

4.3.2 基于 BIM 技术的成本控制过程

整个过程除了上述费用以外，还需要考虑 BIM 模型更新的成本。当因各种情况更新或变动使 BIM 模型也需要更新时，需要考虑模型更新的成本，否则当 BIM 模型错误时，其 BIM 相关应用也会造成错误结果。另外，目前的 BIM 软件都需要支付每年的软件维护及使用费，这个费用也是导入 BIM 需要考虑的成本费用之一。

BIM 的成本控制过程在导入 BIM 后，大致可分为两项：一是 BIM 软件后续所持续花费的成本；二是 BIM 构建模型过程所需花费的成本。

1）BIM 软件后续所持续花费的成本

BIM 软件（后统一简称为"软件"）购入的后续使用花费，依不同软件商计价的方式，所需承担的成本有所不同。多数 BIM 软件均以年作为收费的计价单位，在购置后以年的计价方式也同为使用期限，使用年限截止后，若需持续使用，则需额外以年的计价方式付费，作为下年度的使用费用，视为 BIM 软件的使用维护费用，相似的成本有 BIM 软件的租赁费用、系统维护成本，这些称为 BIM 的维护费用。与维护阶段所需花费成本的不同点在于，该项成本并非只限于工程周期的某一阶段,BIM 的维护费用在使用 BIM 之后,为持续使用 BIM 软件或为维护用途所花费的成本。

2)BIM 构建模型过程中所需花费的成本

BIM 构建模型的情况分为两种:一种是需建模的公司自行构建模型,自行构建模型的成本花费源于基于 BIM 技术的工程预算里,详细说明在导入 BIM 后所需的成本来源项目中,为教育培训与人事成本所产生的成本花费;另一种是需建模的公司借助外包协助构建模型,需付费聘请外包协助构建模型,其所花费的成本则为外包所定的价格,需构建模型的公司则可依所需构建的模型自行粗略估算花费。

由于此两项花费均属于在 BIM 的使用过程中,皆可自行依据所需使用 BIM 的项目而对花费进行调整,且均为在导入 BIM 后才会产生的成本,故本节统一归类为基于 BIM 技术的成本控制过程。

4.3.3　基于 BIM 技术的动态成本控制

在成本控制中,成本计划制定、进度信息集成、合同预算成本计算、三算对比、成本核算、成本分析等宜应用 BIM。确定成本计划时,宜使用深化设计模型或预制加工模型确定施工图预算,并在此基础上确定成本计划;进度信息集成时,应为相关模型元素附加进度信息;合同预算成本可在施工图预算基础上确定;成本核算与成本分析宜按周或月定期进行。在基于深化设计模型或预制加工模型,以及清单规范和消耗量定额创建成本管理模型,并通过计算合同预算成本和集成进度信息后,应定期进行三算对比、纠偏、成本核算、成本分析工作。最终,成本管理 BIM 应用交付成果宜包括成本管理模型、成本分析报告等。图4.23所示为成本控制 BIM 应用典型流程图。

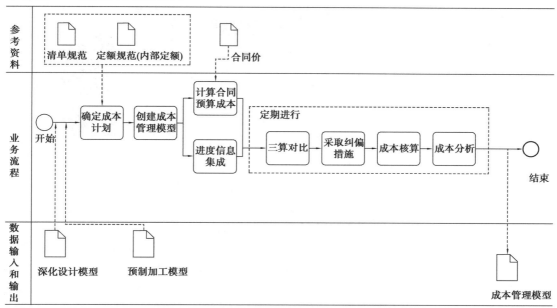

图4.23　成本控制 BIM 应用典型流程图

在建筑全生命周期中,基于 BIM 技术对成本进行动态控制,不仅可以节约工程成本,还可以及时调整解决施工过程中遇到的问题,提高建筑工程的施工质量与安全,为企业带来更大的经济效益。

4.4　BIM 与 FM 的集成应用

　　BIM 技术虽然贯穿整个建设工程的生命周期,然而在实际应用的比例上,仍有相当大的部分集中在规划与设计阶段。在施工阶段,BIM 模型较常被应用为理想施工状态的参考标准。而在后续的运营维护阶段,最主要的应用方式就是设施维护管理。设施维护管理的涵盖范围相当广泛,国际设施管理协会(International Facility Management Association,IFMA)曾定义"设施维护管理"(Facility Management,FM)为"一门涵盖多学科,并以整合人员、地点、流程及科技,来确保人造环境能充分发挥其应有功能的专业。"

　　从实务层面来看,设施维护管理的具体任务可能包括建筑物在使用期间的设备修缮记录、门禁管制、空间管理、租赁管理甚至环保清洁等。若要理解 BIM 在设施维护管理上的着力点,不妨从传统的 3D CAD 模型来思考,BIM 具有什么样的优势来做到这件事。首先,BIM 模型里的各个元件有严谨的族群类别与独一无二的编码,而 3D CAD 里的门窗设备等物件却仅仅是几何量体的构成,工程人员因为受过长期的视觉训练而能够直接将某个特定几何形状认知为门窗或设备,但它并非计算机可读(Machine Readable)的格式。这样的差异决定 BIM 模型可以进一步与数据库及设施维护管理系统联结(因为 BIM 模型里每个元件的独特识别代号就相当于数据库的"主键")。事实上,许多较新的 3D 建模软件(如 Trimble Sketch-Up)也开始具备能够将物件群组化并且给予群组名称及编号的功能或插件程序,只要具备这种特性,其就有当成 BIM 软件来使用的潜力,如图 4.24 所示。

图 4.24　利用 3D CAD 与数据库的整合达到与 BIM 同等的效果

　　此外,BIM 模型具有描述"空间"与"区域"的机制,从设施维护管理的角度而言,这具有重大意义,因为设施与设备的位置描述从来就无法与"空间"切割。以学校建筑为例,当想要报修某台投影机时,一定不是报告该设备在空间里的精确坐标与定位,而是报告"302 教室的投影机故障",其描述便隐藏了设备有其所归属及使用的空间。传统的建筑物设施维护管理往往在通用或是特有的数据库系统下进行的,而 BIM 模型能够携带非几何信息的特性使得其与数据库的联结变成可能,并在此之上提供了视觉化的优势。

　　然而 BIM 在具备充分条件作为设施维护管理的信息载体的前提下,仍有一个重大议题,以决定它是否能够充分地实际应用在设施维护管理任务之上,即信息的交换标准。BIM 的信息整合理念是希望将整个建设工程生命周期各阶段所产生的信息加以整合,并且以视觉化的方式完整呈现出来。然而建设工程的生命周期通常较长,加之参与单位众多,普遍遭遇的问题即是不同的 BIM 系统所产生的资料格式兼容性,又称作"交互操作性"。如前所述,BIM 模型每个元件必须拥有特定识别代号的特性,使得其可以和数据库互相整合。若以整合单一的 BIM 模型及单一的设施维护管理数据库为目标,在技术上虽然没有难度,但是却是一个需要高度定制化的过程。随着数据库复杂程度的提升,参与单位及角色的增加,每个角色都有自己的数据库系统,并且都以不同的编码方式来描述相同的标的物时,就会使得系统庞杂且难以整合,因而需要投入大量的人力与系统开发成本。

COBie 标准目前被 BIM 模型应用于设施维护管理系统当中,例如在 Autodesk Revit 的扩充功能中可以安装 COBie 插件,如图 4.25 所示。在安装完成之后,BIM 模型的每个元件会多出许多与 COBie 相关的栏位供填写与导出,从 BIM 模型导出的 COBie 表单(以 Excel 档案的形式呈现)的范例如图 4.26 所示。需注意的是,这种格式的 COBie 试算表并非只专属于 Autodesk Revit 或是 BIM 软件所有,而已经成为一种标准。COBie 标准的成立正是为了让各个不同领域的专业人员能够在开放及标准化的环境下进行信息的交换与共享。目前已有设施维护管理的专用软件开始支持 COBie 档案的对应。

图 4.25 安装 COBie extension 插件后的 Revit 性质视窗

虽然 COBie 标准与 BIM 的完全整合还有一段漫长的路要走,某些 COBie 工作表甚至尚未有能够实际使用于设施维护管理任务中的记录,但它提出了设施维护管理与 BIM 整合的一条可行之道,并且也强调出 BIM 在携带非几何信息中的重点,因为 BIM 定义的"建模"(Modeling)不只是刻画建筑物的几何外观,也包括建立建筑物的内在信息。然而身为一个建模者,究竟应该在 BIM 模型中灌注什么样的信息?若从设施维护管理的应用层面出发,COBie 标准提供了一个不错的参考答案。

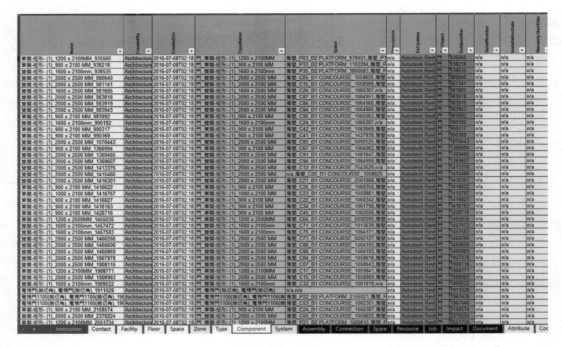

图4.26   Revit 导出的 COBie 表单示意图

4.5   BIM 与 VR/AR 的集成应用

虚拟现实(Virtual Reality,VR)是通过计算机仿真产生一个三维空间的虚拟世界,并且搭配特定的穿戴式设备(如 VR 眼镜),让参与者在视觉感官上产生身临其境的感觉。参与者可以在虚拟空间里不受限制地漫游,甚至与虚拟世界中的对象互动。VR 必须通过计算机的实时运算,以参与者的视角将虚拟世界的视频传回到设备上,虚拟现实的技术涉及计算机视觉、人工智能及感应装置等信息技术。而增强现实(Augmented Reality,AR)常常与虚拟现实被并列讨论,它是基于真实世界的信息,将虚拟的事物与真实世界加以结合。

随着信息科技的进步,虚拟现实及增强现实的技术不但有显著的发展之外,也开始随着设备产品的平价化而普及。举例来说,在智能手机和平板电脑十分普及的当下,智能设备成为导入 AR 的理想平台。虽然被大众熟知的 VR/AR 主要都应用在娱乐产业,如电影与交互式游戏等,但其实 VR/AR 在各种军事、工程、教育与医疗产业中都有相当高的应用价值。

如果把 BIM 与 VR/AR 联系起来,BIM 可说是在土木建设工程领域实现 VR/AR 的绝佳载体。Wang, Love 及 Davis(2012)曾经讨论以 AR 延伸 BIM 的可能应用方式,提出 BAAVS (BIM + AR for Architecture Visualization System) 架构,并具体阐释了衔接 BIM 及 AR 两大技术的架构蓝图。若以虚拟现实来说,在工地管理的实践上,要虚拟的世界正是建筑物"理想的完工状态",BIM 模型便为其提供了可能。事实上,许多 BIM 的建模(如 Autodesk Revit)与应用(如 Autodesk Navisworks)软件都有提供所谓的漫游(Walkthrough)功能。即通过让使用者以第一人称的视角体验在完工场景中的漫游,再与穿戴式设备结合,就能够达到虚拟现实的效果。虚拟现实在 BIM 的应用中提供了一种可能,即在建筑物的设计阶段以第一人称的角度去体验其空间配置与效果,从而以更广阔的角度进行正向设计。

增强现实更进一步地将 BIM 应用的可能拓展到施工阶段,因为虚拟现实能够呈现的 BIM 应用是建筑物"理想的完工状态",如果再与实际情况(即施工阶段的建筑物)结合,就能将"理想的完工状态"与"实际的施工状态"进行比较,这样的应用对施工检查具有重大意义。

在传统的施工检查时,质检人员常常需要自行准备各式各样的辅助工具。早期需要用卷尺来丈量尺寸,用图纸来确认施工作业的形式与尺寸,并且用相机进行记录。最重要的是,在传统模式之下,质检人员需要靠自身的工程专业经验来判定施工结果是否符合要求。质检人员需要在脑海中将 2D 图纸转换成三维模型,再与真实情况进行比较。除了要耗费精力比对构件尺寸与形式之外,辅助工具的庞杂与记录格式的分散(照片与文件)都在管理上形成障碍。但是 AR 与 BIM 的结合为这个问题提供了解决方法。因为增强现实的应用程序常常搭载于移动设备(如智能手机)之上,其应用装置能够顺便把视频、声音及文字一并记录并上传至远程数据库,系统架构如图 4.27 所示。在移动设备的 AR 应用程序里,将 BIM 模型嵌入真实工地的场景中,用户可以直接比较 BIM 模型与实际施工的差异,这样的施工检查应用已经有了实践案例,利用 AR 技术来比对 BIM 模型与实际工地现场差异的示意图如图 4.28 所示。

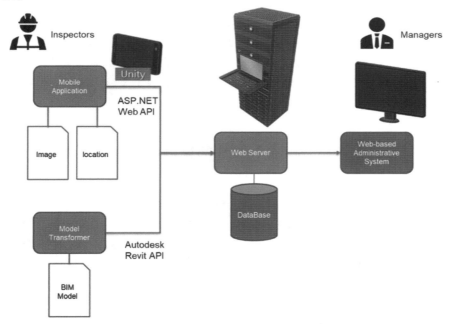

图 4.27 整合 AR、BIM 与移动设备及服务器的关系

与传统的质量管理相比,BIM 模型比 2D 图纸提供了更加直观的可视化呈现,显示出 3D 模型的原本优势,但如果应用在建筑领域,它却受限于呈现媒体的便携性。直到移动设备的普及克服了这一困难后,才有机会将 BIM 模型的 3D 优势在施工现场发挥到极致。

图4.28　利用 AR 技术比对 BIM 模型与实际工地现场差异

目前主流的 BIM 与 AR 结合的研究有许多采用微软(Microsoft)的 Unity 游戏引擎进行开发,主要原因是 Unity 本身与移动设备的高度兼容性,而且其在主流的移动设备操作系统(iOS、Android)都有对应版本。而 BIM 的建模软件,如 Autodesk Revit,可将 BIM 模型导出为Unity 所支持的 FBX 格式,能够在保持 BIM 模型组件编号的前提下将模型的几何信息以轻量化的方式输出到移动设备上。因此,把实际的 BIM 模型放在后台,而仅将其必要信息保留在移动设备上,从而保持 AR 应用程序的执行效率,也就克服了整合 BIM 与 AR 于移动设备应用程序上的主要技术难题。

4.6　BIM 与 GIS 的集成应用

BIM 就是将建筑工程中图形与非图形信息整合在数据模型中,而这些信息不仅可以应用于设计施工阶段,也可以应用于建筑的全生命周期(Building Life Cycle)。BIM 展示的方式是以 3D 模型为基础,结合建筑工程项目等各种相关信息的工程数据模型,用来支持建筑工程的整合管理,从而可以显著提高建筑工程的进程效率并大大降低风险。而 GIS(Geographic Information System)主要是结合电子地图、数据库管理及空间统计分析功能的一种整合信息系统,可以协助处理地理数据与空间决策,如通过叠图及空间分析等功能,将原始地理数据转换为能支持空间决策的信息。这些特性使得 GIS 被广泛应用于资源调查、环境评估、灾害预测、国土管理、城市规划、邮电通信、交通运输、军事公安、水利电力、公共设施管理、农林牧业、统计、商业推动金融等几乎所有民生相关领域。BIM 专注于建筑物本身的微观层次表示,GIS 提供建筑物外部环境的宏观表示,可以基于二者整合的数据构建环境的全面视图,推动大数据时代建筑、工程和建筑(AEC)行业的发展与转型。

4.6.1　信息整合

目前 BIM 与 GIS 系统的数据结构、用户、思维不同,应用也不同,为整合 BIM 及 GIS 系统数据,信息交换标准格式就显得尤为重要。

1）BIM 标准数据模型——IFC

为统一建筑产业的数据交换规则并提升效率,buildingSMART 提出 IFC 格式作为信息交换的媒介与规范。自 1997 年提出 IFC 1.0 版本至今,IFC 约有 6 个较重要的版本更新,其中最新版本 IFC 4 被誉为"最接近 Open BIM 协作设计能力的版本",因为此版本相较于 IFC 2x3 等旧版本定义了更完整的 BIM 相关领域实务对象(如结构分析、GIS 坐标系统及能源仿真等),并针对对象属性集提出一致的定义(如对象量化属性集规范)。近年来,市面上常见的 BIM 建模软件,如 Autodesk Revit、Bentley AECOsim、ArchiCAD 及 Tekla Structure 等,也开始支持 IFC 格式。IFC 数据模型中目前包含实体(Entities)766 个、定义数据型态(Defined Types)126 个、列举数据型态(Enumeration Types)206 个、选择数据型态(Select Types)59 个、内建函数(Functions)42 个、内建规则(Rules)2 个、属性集(Property Sets)408 个、数量集(Quantity Sets)91 个,以及独立属性(Individual Properties)1691 个。IFC 数据模型不仅制定了数量庞大的对象,还制定了特殊对象关联结构,用来详实描述对象之间的关联。

2）GIS 标准数据模型——GML

地理信息系统在现阶段的应用已经相当成熟,异质系统间的数据交换以 OGC（Open Geospatial Consortium）协会所制定的 GML（Geography Markup Language）为主,GML 是用于表达地理特征的 XML 语法。GML 不仅可以作为地理系统的建模语言,也可当作互联网上地理信息交换的开放格式。与大多数 XML 语法一样,语法包含两部分——描述数据的数据结构（XML Schema）和包含实际数据的实例数据（XML Data）。目前有许多开发人员基于 GML 的框架下开发应用扩展,用户可以直接引用对象,如道路、公路和桥梁,而不是几何的点、线和面。在相同的应用架构下,用户可以轻松交换数据,检视仍以对象方式检视,所以在查看道路对象数据时仍然是道路,即便不具有信息背景的用户也可以进行简单使用,如比较著名的描述 3D 城市的 CityGML。而 GML 再由上述几何描述建立地理要素（Feature）,如道路、河流、桥梁等。GML 有一个极为重要的观念,便是区分资料的内容和呈现。GML 只着重于数据内容的描述,而不涉及数据的呈现。数据的呈现工作则交给其他语言（软件）来处理。如 GML 只描述构成线条的坐标值,而不考虑线条的粗细程度或颜色。2D 图形的呈现可由另外定义的可缩放矢量图形（Scalable Vector Graphics,SVG）来处理,而 3D 图形的呈现可由 HT-ML5 来处理。

4.6.2 实际应用

实际应用相关系统的主要需求是希望根据一定的判断条件,选择相应的细节进行显示,从而避免因系统展示那些意义不大的细节而造成时间浪费,可以同时有效地协调画面连续性与模型分辨率的关系,即视点离物体近时,能观察到的模型细节丰富,而视点远离模型时,观察到的细节逐渐模糊。目前相关实务应用的举例如下。

1）地下综合管廊管理应用

地下综合管廊遍布整个城市区域,随着城市发展,管线及设备数据管理日益复杂且困难。传统 2D 图纸的平面信息很难呈现管线和设备的正确位置,缺乏信息有效传递性和可读性。鉴于此,通过整合BIM技术与3D可视化特色及GIS空间定位的优点,建立综合信息平台,以解决上述问题。可以以3D模型为基础,整合地下综合管廊项目的各种相关信息的工程数据模型,用来支持地下管廊建筑物或设施的整合管理,再利用GIS技术综合各种数据,如地图、地形、航拍图、测量点位等,帮助地下管廊建筑设施的空间管理(图4.29),而利用BIM技术模拟地下管廊中建筑设施内、外部的视觉效果,可清楚地显示管线及机电各个功能设施的空间分布。

图4.29　BIM与GIS应用地下管线维护管理系统

2)智慧城市应用

智慧城市(Smart City)是在美国智慧星球(Smart Oasis)的概念下诞生的,且逐渐成为当今世界各国城市建设的发展趋势和选择。智慧城市的发展主要是通过整合建筑信息模型参数化描述建筑构件性质的特性与地理信息系统宏观的几何空间概念,以BIM描述单体建筑物的特色并通过GIS共享数据的格式拓展至三维城市的概念。以数字方式表示建筑和环境实体的建筑信息模型和地理信息系统,被应用于智慧城市的建造中。表4.2所列是国际上著名的智慧城市应用案例。

表4.2　各国智慧城市发展与应用系统

智慧城市	图　片	应用系统
美国 迪比克		美国的第一个智慧城市,也是世界的第一个智慧城市。市政府与IBM合作,计划用物联网技术,将城市的所有资源数字连接,包括水、电、油、气、交通、公共服务等,通过监测、分析和整合各种数据,进而可智能化地响应市民的需求,降低城市的能耗和管理成本

续表

智慧城市	图　片	应用系统
美国 纽约		2018年IESE商学院全球智慧城市排名第1名。纽约智慧城市最大的创新在于不仅将采集的数据传回政府，而且把政府收集整合的数据用于提高纽约人的生活水平和品质。纽约对城市中33万栋需要检验的建筑物进行评分，计算火灾危险指数，划分出重点监测和检查对象。通过数据分析，有效预防火灾发生
英国 伦敦		在2018年推动智慧伦敦计划（Smarter London Together）中，伦敦市政府发展"Citymapper"在所有公交车上都安装了卫星定位装置，乘客通过车站的电子屏幕就可以知道公交车到达的时间。另外，伦敦有一套垃圾管理系统，在垃圾桶里安装传感器，当垃圾桶满时就会通知控制中心
荷兰 阿姆斯特丹		阿姆斯特丹在2009年为应对全球气候变化及能源课题挑战，开始提出智能电网、可再生能源等节能减排方案，同时促进阿姆斯特丹智慧城市（Amsterdam Smart City）的发展，由政府、市场和社会协同参与，发展重点包括智能移动、智能建筑、智能电网、智能街道、可持续交通、开放数据等领域是欧洲智慧城市建设的典范
新加坡 新加坡市		2015年，新加坡科技局（GovTech）宣布"智慧国度"计划，将"智慧城市2015"升级为"智慧国家2025"，以期打造全亚洲首屈一指的智慧国家。其主要举措包括成立技术局、建设数据中心（IDC）、与全球网络融合和"超链接建筑"。新加坡投入17亿美元加大对IT产业的支持和投入，并加大在数字和数据、网络安全、智慧国度应用等板块的投入比例。在信息技术和数字技术的驱动下，快速推动新加坡的"智慧国度"建设，目前已经取得的成果包括无线新加坡、在线公共服务、智能交通、智慧医疗、智慧教育以及智慧路灯

4.7　BIM与绿色建筑

据统计，全球的能源消耗已经达到110亿吨（油当量）。尽管建筑产业多年来不断推行可持续化发展，但是从全球来看，用于建筑物的能源消耗仍从总能源消耗的24%增长到40%。而绿色建筑不仅能减轻建筑对环境的负荷，即节约能源及资源，提供安全、健康、舒适性良好的生活空间;又能够与自然环境亲和,做到建筑与人及环境的和谐共处、永续发展。对于绿色建筑,除了将规范标准化之外,也要运用 BIM 技术在建筑全生命周期的设计阶段进行能源分析与模拟,如 Autodesk 的 Ecotect Analysis、Vasari,或 Bentley 的 AECOsim Energy Simulator 等,这些都是 BIM 架构的能源分析软件。但是,在建筑物投入使用之后,能源的使用效率、复杂的电器或空间使用方式,以及人员流通量等因素都很难预测。以前在建筑设计规划阶段,仅通过空调负荷高峰期的数值或简单的人工计算来评估建筑物的能耗情况,随着科技的发展,全球都开始推行智慧建筑的概念,使生活更加舒适便利,也可掌握建筑物所有设备的能耗监测数据,进而达到节能减排的目标。为达到该目标,在实际运营阶段,会针对个别的影响因子进行数据分析,并自动调整建筑构件的运营管理方式,从而提升建筑物的能源使用效率,如 Heidari 等人提出 SMART BIM 概念,就是使建筑构件智慧化,使得墙、窗等构件进行联动,根据环境状况进行调节,并增加与使用者之间的互动;以及提出 BIQ 的指标(Inhabitants Activities,Environment Changes,Inhabitants Performance),利用 AI 技术以及传感器、数据库的方式,提出建筑物成为智慧建筑的可行性以及方案,都让原本的 BIM 技术更加智能化。例如,通过安装监控系统及感应装置来管理建筑物的空调系统和照明设备,其商业大楼可降低约 35% 的能耗量。

4.7.1　信息整合

对于绿色建筑的应用,物联网(Internet of Things,IoT)产生的数据量复杂且众多,基本上都会以数据库的方式进行储存管理,绿色建筑的概念主要是为了通过自动化技术使得环境友好与生活舒适取得平衡,而物联网就成为不可或缺的关键技术。IoT 具有面向对象的功能,通过 ICT(Information and Communication Technology)概念以及无线传输技术,将各对象或装置进行连接,形成网络,即所谓的物联网。在绿色建筑收集环境数据的过程中,能源管理方面的工作必须依靠各种传感器,如温、湿度计,电子水表,冷量表等传感器,监测并将数值回传至数据库进行分析。BIM 与 IoT 信息整合概念即是将环境原本所包含的对象属性、地理信息的三维建筑信息模型,赋予另一个维度的信息,即实时物理环境状态。通过整合原有的 BIM 模型与外部数据库,具备了实时的现状反映能力,而使用者可根据可视化的结果进行调整,便是将 BIM 模型智能化,可以作为运营维护阶段时进行重新分析与设计的重要工具。物联网架构图如图 4.30 所示。

图 4.30　物联网架构图

4.7.2　实际应用

BIM 与 IoT 技术的整合可以提升建筑物整体能源管理水平及监测效果,以 3D BIM 模型为基础构建环境监测系统的主要用户接口,系统可以实时呈现能源或环境影响因素的状态,同时系统也可以将历史数据与实时数据进行比较,以供使用者进行能源消耗调整的参考。通过数据可视化比对前后数据,图形及颜色的变化反馈目前情况,用户一目了然。鉴于此,逐渐有学者或企业尝试开发基于 BIM 的能源仿真或管理系统,主要利用 IoT 技术收集项目所在地的基本气象数据,再通过 BIM 与 IoT 整合数据更加精确地分析出适用于不同项目的建筑空间能源及环境舒适度(图4.31)。该类系统为提升分析结果的可视化效果,多以 BIM 模型的多维度环境作为终端信息呈现与模型建构的平台。

图4.31 COZyBIM 环境舒适度自动化管理系统

4.8 BIM 相关软件

BIM 技术的应用可通过多种软件实现,实际项目操作中,各参与方可根据项目实际情况以及项目所处阶段,选择合适的 BIM 应用软件,以实现应用目标。现有核心 BIM 软件可根据应用范围分为建模、工艺模拟、工程量计算、造价、信息协同、分析以及运维。常用 BIM 应用软件如表4.3所示。

表4.3 常用 BIM 应用软件统计表

用 途	名 称
建模	Revit、Catia、Tekla、Planbar……
协同	BIMRUN、Solibri、广联达协助云平台……
分析	Ecotect、PKPM、Green Building Studio……
施工模拟	Navisworks、Synchro……
管理平台	Autodesk BIM360、广联达 BIM5D、鲁班 IWORKS……
可视化	3DS Max、Lumion……
工程量计算	广联达 BIM 算量系列、鲁班算量系列、斯维尔算量系列……
计价	广联达 GBQ、斯维尔清单计价……
运维	ARCHIBUS、ArchiFM. net、Autodesk FM Desktop……

BIM 技术的应用贯穿于整个建筑全生命周期,目前在方案、设计、施工、运营领域均有众多软件支持,因此也可按项目所处阶段将 BIM 软件划分如下。

1) 方案阶段

BIM 方案软件在设计初期的主要功能是把业主设计任务书中基于数字的项目要求转化成基于几何形体的建筑方案,此方案用于业主和设计师之间的沟通和方案研究论证。BIM 方案软件可以帮助设计师验证设计方案和业主设计任务书中的项目要求是否相匹配。BIM 方案软件的成果可以转换到 BIM 核心建模软件中进行设计深化,并继续验证满足业主要求的情况。目前主要的 BIM 方案软件有 Onuma Planning System 和 Affinity 等。

2) 设计阶段

BIM 设计软件在此阶段所做的工作是对建筑物进行建模,包括不同专业(结构、机械、管道、电气、建筑等),并将信息分配给在所需详细程度内定义建筑物的每个元素,以及在设施的整个生命周期中对模型的更新。

目前主要的 BIM 设计软件有 Revit、AutoCAD、MicroStation、广联达 BIMMAKE、天正建筑设计软件等。根据不同专业,BIM 设计软件有其各自专注的领域,如 INFRAWORKS 专注基础设施的规划设计,Tekla Stuctures 侧重于钢结构设计,Magicad 专注于机电的深化设计,PK-PM 则以建筑结构设计闻名。

3) 招投标、施工阶段

预算造价工作常采用广联达、鲁班、斯维尔等软件进行造价算量、套价,完成招标控制价、投标报价的编制。算量软件一般包括土建、钢筋、安装、精算、市政、钢结构等系列,项目参与方可根据工程实际所处阶段选择相应软件。该系列软件内置全国统一现行清单、定额计算规则,兼顾各地特殊规则,以及国家相关规范和相关图集,是造价的主流软件。

项目进度管理工作常采用 Navisworks Manage、广联达 BIM 5D 以及鲁班进度计划。Navisworks Manage 可以将设计与施工数据,甚至不同格式的文件整合到同一模型中,从而在施工前发现并解决冲突问题,做到事前控制,降低返工风险,达到更好的施工效果。主要应用功能为:使用四维和五维模拟控制进度和成本,捕获二维或三维设计的材料数量以及碰撞检查。广联达 BIM 5D 以 BIM 平台为核心,以集成模型为载体,关联进度、合同、成本、质量安全等信息,协助管理人员实施有效决策和精细管理,实现可视化的 5D 动态施工模拟,直观呈现项目整体部署及配套资金、资源的投入状态,达到全过程成本、进度管控的目的。鲁班进度计划的使用对象为企业项目管理人员,通过将工程项目进度管理与 BIM 模型相结合,形成项目建造过程的虚拟生长过程,通过横道图和网络图进行展示,为项目进度计划提供整体数据支撑。

4) 运营阶段

通过 BIM 技术与运营维护管理系统的结合,实现企业对各项设备资产以及不动产的科学管理,进而达到预防灾害、降低运营维护成本的目的。美国的 ARCHIBUS 管理平台是 BIM 运维的主流软件之一,用于企业各项设施管理以及不动产管理等信息交流与沟通,主要包含 3 大管理模块:空间管理(Space Management)、家具与机电设备管理系统(Furniture and

Equipment Management）、建筑物运营与维修管理（Building Operations Management）。

在设计和施工阶段，已形成相对主流、普及率较高的几款应用软件，但在运维阶段，还暂未形成较为成熟的通用性软件，大多仍以定制开发为主，有待后续进一步完善开发。

第 5 章 | Architectural Design Case

建筑设计案例

5.1　Revit **简介**

Autodesk Revit 是 Autodesk 公司为建筑师、景观设计师、结构工程师、MEP 机电工程师、设计师和承包商开发的一套建筑信息模型软件。Autodesk Revit 面向建筑信息模型（BIM）而构建，支持用户以 3D 形式设计建筑物和结构及其族群，使用 2D 绘图元素注释模型，并从建筑模型的数据库中存取建筑信息，同时帮助工程师、承包商与业主更好地沟通协作。设计过程中的所有变更都会在相关设计与文档中自动更新，实现更加协调一致的流程，获得更加可靠的设计文档，以在概念设计、可视化、分析到制造和施工的整个项目生命周期中提高效率和准确性。

本章以《建筑制图应用乙级技术士技能检定考题》为案例，采用 Autodesk Revit 软件来建立 BIM 建筑模型。

5.2　Revit **软件安装**

5.2.1　安装 Autodesk Revit 的系统要求

Revit 模型通常会存储和处理大量 BIM 数据。处理这些数据时，务必要确保系统满足 Revit 所需的要求，以获得良好性能。为了确保 Revit 在系统上正常运行，必须满足如表 5.1 所示的基本要求。

· 86 ·

表 5.1　Revit 2021 最低配置要求

Revit 2021 最低要求：入门级配置	
操作系统	Microsoft® Windows® 7 SP1 64 位： Enterprise、Ultimate、Professional 或 Home Premium Microsoft Windows 8.1 64 位： Enterprise、Pro 或 Windows 8.1 Microsoft Windows 10 周年更新 64 位（版本 1607 或更高版本）： Enterprise 或 Pro
CPU 类型	单核或多核 Intel® Pentium®、Xeon®或 i 系列处理器或支持 SSE2 技术的 AMD®同等级别处理器，建议尽可能使用高主频 CPU Revit 软件产品的许多任务要使用多核，执行近乎真实照片级渲染操作需要多达 16 核
内存	4 GB RAM，此大小通常足够一个约占 100 MB 磁盘空间的单个模型进行常见的编辑会话。该评估基于内部测试和客户报告。不同模型对计算机资源的使用情况和性能特性会各不相同； 在一次性升级过程中，旧版 Revit 软件创建的模型可能需要更多的可用内存
视频显示器分辨率	最低要求：1 280×1024 真彩色显示器 最高要求：超高清（4k）显示器
视频适配器	基本显卡：支持 24 位色的显示适配器 高级显卡：支持 DirectX® 11 和 Shader Model 3 的显卡
磁盘空间	5 GB 可用磁盘空间
介质	通过下载安装或者通过 DVD9 或 USB 密钥安装
指针设备	Microsoft 鼠标兼容的指针设备或 3Dconnexion®兼容设备
浏览器	Microsoft® Internet Explorer®7.0(或更高版本)
连接	Internet 连接，用于许可注册和必备组件下载

5.2.2　开始安装

如果已经购买 Revit 盒装介质，读者可直接安装。如果还未购买该软件，可以从 Autodesk 官方网站订阅和下载最新版本的 Autodesk 软件。Autodesk 还提供了 30 天免费试用版和面向教师与学生的 1 年期教育版访问权限，只要经过注册和认证即可下载全功能安装程序。

在安装前，建议关闭杀毒软件、防火墙等系统保护类工具，以保证安装顺利进行。以下载 Revit 教育免费使用版为例，按步骤说明安装流程。

①在 Autodesk 官方网站找到教育免费使用版下载页面，如图 5.1 所示。

图 5.1　Revit 下载页面

②创建个人账号后,选择需要的操作系统、版本、语言,单击【安装】,如图 5.2 所示。

图 5.2　Revit 安装页面

③勾选所有安装内容并设置安装路径后单击"下一步",如图 5.3 所示。

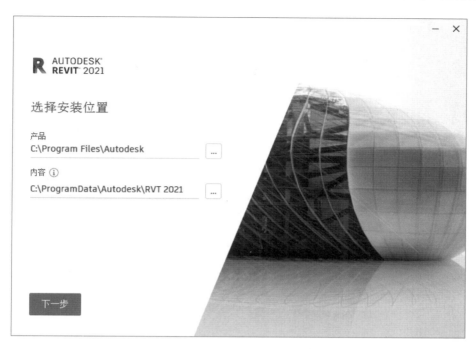

图 5.3　Revit 安装路径设置

④安装过程大概持续 1 小时，出现如图 5.4 所示画面即表示安装成功。

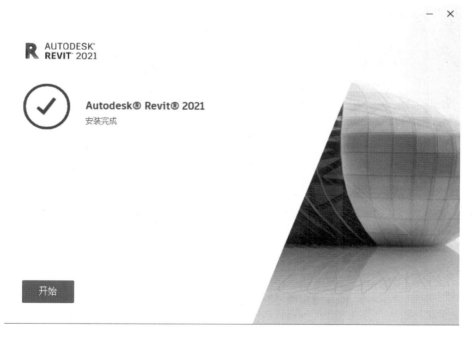

图 5.4　Revit 安装完成

5.3 Revit 用户界面与基本操作

5.3.1 用户界面

启动 Revit 后,在"最近使用的文件"界面"项目"列表中单击"建筑样例项目"缩略图,打开"建筑样例项目"文件。Revit 进入项目查看与编辑状态,移动鼠标至场景中任意构件位置,单击选择该对象,Revit 会显示与所选择构件相关的绿色上下文选项卡。其界面如图 5.5 所示。

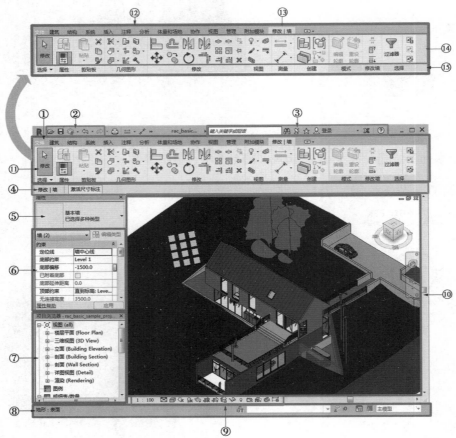

①—文件选项卡; ⑥—属性选项板; ⑪—功能区;
②—快速访问工具栏; ⑦—项目浏览器; ⑫—功能区上的选项卡;
③—信息中心; ⑧—状态栏; ⑬—功能区上的上下文选项卡;
④—选项栏; ⑨—视图控制栏; ⑭—功能区当前选项卡上的工具;
⑤—类型选择器; ⑩—绘图区域; ⑮—功能区上的面板

图 5.5 Revit 用户界面

不同编号的区块代表 Revit 中不同的功能和作用,以下仅针对部分常用界面与功能做介绍。

1）文件选项卡

文件选项卡上提供了常用文件操作，如【新建】、【打开】、【保存】、【导出】和【发布】等来管理文件，如图5.6所示。

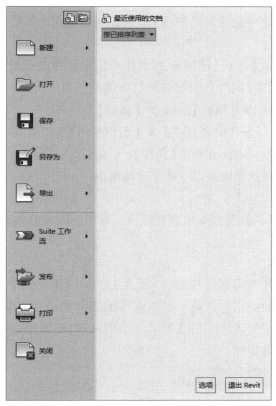

图5.6　文件选项卡

2）快速访问工具栏

快速访问工具栏包含一组默认工具，如图5.7所示。也可以对该工具栏进行自定义，使其显示最常用的工具。

图5.7　快速访问工具栏

在功能区内浏览要添加的工具，在该工具上单击鼠标右键，然后单击【添加到快速访问工具栏】，即可将工具添加到快速访问工具栏中，如图5.8所示。

图5.8　添加工具到快速访问工具栏

3）选项栏

选项栏位于功能区下方，根据当前工具或选定的图元显示条件工具，如图5.9所示。

图 5.9　选项栏

4)属性、类型选择器

【属性】选项板是一个无模式对话框(图 5.10),通过该对话框可以查看和修改用来定义图元属性的参数。

第一次启动 Revit 时,【属性】选项板处于打开状态并固定在绘图区域左侧【项目浏览器】的上方。如果以后关闭【属性】选项板,则可以使用下列任一方法重新打开它:

①单击【修改】选项卡 ➤ 【属性】面板 ➤ 【属性】。

②单击【视图】选项卡 ➤ 【窗口】面板 ➤ 【用户界面】下拉列表 ➤ 【属性】。

③在绘图区域单击鼠标右键并单击【属性】。

如图 5.11 所示,属性选项板由以下 4 个区块组成:

(1)类型选择器

通过使用【类型选择器】,选择要放置在绘图区域中的图元的类型,或者修改已经放置的图元的类型。

(2)属性过滤器

【类型选择器】的正下方是属性过滤器(图 5.11),用来标识将放置的图元类别,或者标识绘图区域中所选图元的类别和数量。如果选择了多个类别或类型,则选项板上仅显示所有类别或类型所共有的实例属性。当选择了多个类别时,使用过滤器的下拉列表可以仅查看特定类别或视图本身的属性。

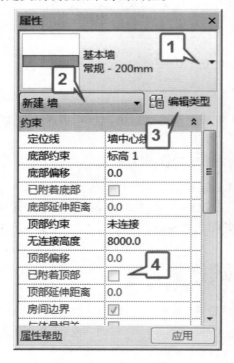

图 5.10　属性选项板

图 5.11　属性过滤器

（3）编辑类型

选择相同类型的图元时，单击【编辑类型】按钮将打开一个对话框，该对话框用来查看和修改选定图元或视图的类型属性；也可以单击【修改 | <图元 >】选项卡 ➤【属性】面板 ➤【类型属性】，查看活动工具或当前选定图元的类型属性。但不同的是，选项卡【编辑类型】按钮用于查看选定图元或在【项目浏览器】中选择的族类型的类型属性；而【属性选项板】中的【编辑类型】按钮则用于查看当前显示了实例属性的实体的类型属性，该实体可以是活动视图、活动工具或当前选定的图元类型。

（4）实例属性

在大多数情况下，【属性】选项板既显示可由用户编辑的实例属性，又显示只读（灰显）实例属性。当某属性的值由软件自动计算或赋值，或者取决于其他属性的设置时，该属性可能是只读属性。例如，只有当墙的"墙顶定位标高"属性值为"未连接"时，其"无连接高度"属性才可以编辑。

5) 项目浏览器

【项目浏览器】显示当前项目中所有视图、明细表、图纸、组和其他部分的逻辑层次（图5.12），展开和折叠各分支将显示下一层级项目。

若要打开【项目浏览器】，可单击【视图】选项卡 ➤【窗口】面板 ➤【用户界面】下拉列表 ➤【项目浏览器】，或在应用程序窗口中的任意位置单击鼠标右键，然后单击【浏览器】 ➤【项目浏览器】。

图 5.12　项目浏览器

6) 视图控制栏

【视图控制栏】可以快速访问影响当前视图的功能。【视图控制栏】位于视图窗口底部，状态栏的上方，并包含图5.13所示的工具。

图 5.13　视图控制栏

7) 绘图区域

【绘图区域】显示当前项目的视图、图纸和明细表（图5.14）。每次另打开项目中的某一视图时，Revit 将在原视图右侧重新打开一个视图窗口，在新窗口中对项目所做的任何修改同样会在该项目的其他窗口中显示。

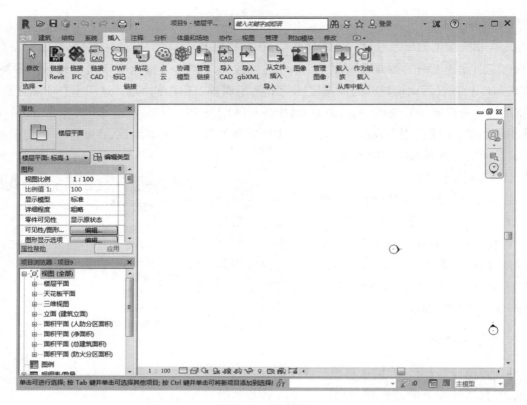

图 5.14　绘图区域

　　如果要在一个窗口中平移或缩放特定设计区域,而同时又在另一个窗口中查看整个设计,可使用【平铺】工具同时查看这两个视图(图 5.15),依次单击【视图】选项卡 ➤【窗口】面板 ➤【平铺】即可。

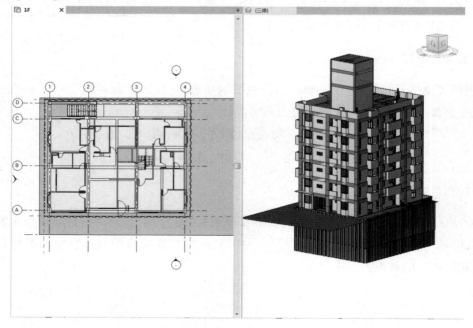

图 5.15　平铺视图

8）功能区

创建或打开文件时，【功能区】会显示创建项目或族所需的全部工具，如图5.16所示。

图5.16 功能区

面板标题旁的箭头表示该面板可以展开，显示更多相关的工具和控件，如图5.17所示。

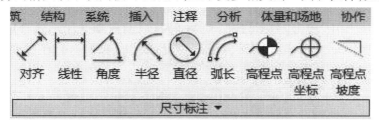

图5.17 展开面板

9）上下文功能区选项卡

使用某些工具或者选择图元时，【上下文功能区选项卡】中会显示与该工具或图元的上下文相关的工具，如图5.18所示。退出该工具或清除选择时，该选项卡将关闭。

图5.18 上下文功能区选项卡

5.3.2 模型的浏览和漫游

1）模型浏览方法

Revit提供有多种模型浏览工具，鼠标和键盘、视图导航栏、ViewCube和控制盘。它们用来导航模型视图，可以对视图进行诸如缩放、平移等操作控制。

（1）鼠标与键盘

在视图操作中，使用鼠标滚轮将大大提高Revit视图操作效率。向上滚动鼠标滚轮，Revit将以鼠标指针所在位置为中心放大显示视图；向下滚动鼠标滚轮，Revit将以鼠标指针所在位置为中心缩小显示视图；按住鼠标中键不放可平移拖动视图；按住鼠标滚轮不放的同时按住键盘Shift不放，即可旋转视图。

（2）导航栏

【导航栏】可基于当前活动视图（二维或三维）来访问导航工具，如图5.19所示。三维【导航栏】包括ViewCube、控制盘、缩放控制3个部分。

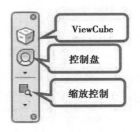

图5.19　视图导航栏

（3）ViewCube

【ViewCube】是可单击和可拖动的界面工具,用于在模型的标准视图与等轴测视图之间的切换。在三维视图中,单击【视图】选项卡 ➤【窗口】面板 ➤【用户界面】下拉列表,找到【ViewCube】,启用【ViewCube】后,它就会显示在模型绘图区域的一个角上,如图5.20所示。

图5.20　ViewCube

（4）控制盘

【控制盘】是跟随光标移动的跟踪菜单,可提供用于在单个界面中导航视图的工具（图5.21）。【控制盘】有大小两个配置。【控制盘（大）】是更大的跟踪菜单,被分成不同的按钮,每个按钮包含一个导航工具。【控制盘（小）】较小,标签显示在【控制盘】按钮下方,二维导航【控制盘】仅有大版本。

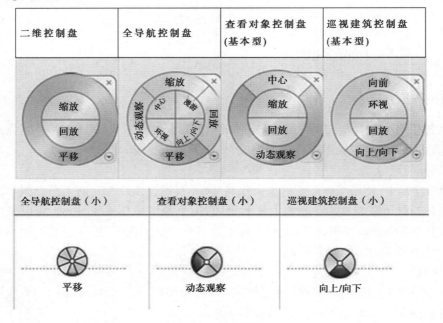

图5.21　视图控制盘

2）漫游

漫游使用沿所定义路径放置的相机位置对现场或建筑进行模拟浏览,创建漫游有助于更好地展示模型。

漫游路径由相机帧和关键帧组成。关键帧是可修改的帧,可以更改相机的方向和位置。默认情况下,【漫游】创建为一系列透视图,但也可以创建为正交三维视图。如图5.22所示为漫游路径的一个示例,红色圆点表示关键帧,蓝色三角形表示视野,可用于定义相机视图的宽度和深度。

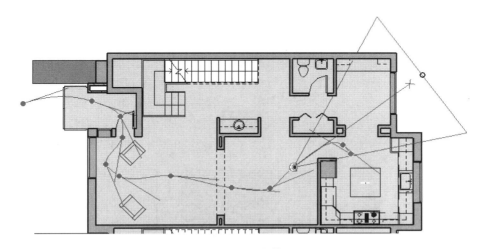

图5.22 漫游

以下说明创建和导出漫游动画的详细步骤:

①打开要放置漫游路径的视图。通常以平面视图开始创建漫游较为容易,但也可以以立面视图、剖面视图或三维视图创建漫游。在此过程中,打开其他视图,配合使用【平铺视图】工具,更有助于精确定位路径和相机。

②单击【视图】选项卡 ➤【创建】面板 ➤【三维视图】下拉列表 ➤【漫游】,将光标置于视图中并单击即可放置关键帧,沿所需方向移动光标以绘制路径。在平面视图中,通过设置相机距所选标高的偏移调整路径和相机的高度。从下拉列表中选择一个标高,然后在【偏移】文本框中输入高度值,使用这些设置可创建上楼或下楼的相机效果。

③可以在任意位置放置关键帧,但在创建路径期间不能修改这些关键帧的位置,可在路径创建完成后再编辑关键帧。单击【完成漫游】,结束路径创建。

④Revit会在【项目浏览器】的【漫游】分支下创建漫游视图,并为其指定名称【漫游1】,读者也可自行重命名漫游。

⑤完成创建漫游后,在【文件】选项卡 ➤【导出】 ➤【图像和动画】 ➤【漫游】导出该漫游。

5.3.3 视图管理

1）生成剖面、立面视图

剖面视图可查看垂直方向模型内部的组成和构造（图5.23、图5.24）。生成剖面首先需单击【视图】选项卡 ➤【创建】面板 ➤【剖面视图】，然后绘制一个剖面符号来确定剖面的位置，即可生成剖面。剖面可在【项目浏览器】➤【剖面】中查看。

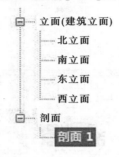

图5.23 项目浏览器中的剖面视图

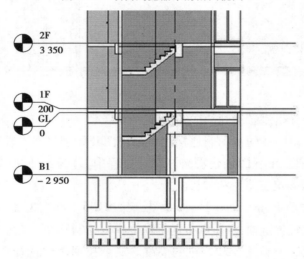

图5.24 剖面视图

立面视图可查看模型的外观几何形状、门窗形式和位置、外墙材料和装修样式等（图5.25）。Revit在默认情况下只有东南西北4个立面图，若要自行建立立面视图，可在平面视图中单击【视图】选项卡 ➤【创建】面板 ➤【立面视图】。

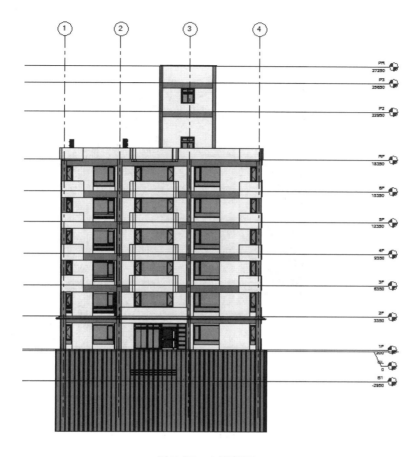

图 5.25　立面视图

2) 剖面框

在三维视图中应用剖面框可剪切几何图形,从而有助于在视图中更好地展示项目。

在【三维视图】的【属性】选项板【范围】中即可勾选启用【剖面框】,剖面框的 6 个面皆有剪切模型的控制点可供伸缩调整,如图 5.26、图 5.27 所示。

范围		⋀
裁剪视图	☐	
裁剪区域可见	☐	
注释裁剪	☐	
远剪裁激活	☐	
远剪裁偏移	304800.0	
范围框	无	
剖面框	☑	

图 5.26　剖面框

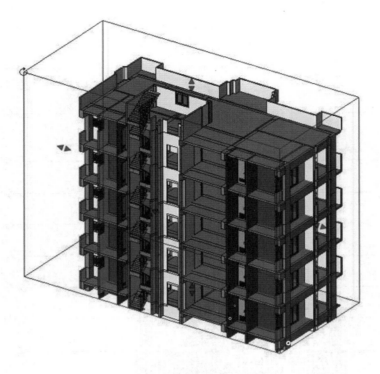

图 5.27　剖面框

3) 视图范围

视图范围是控制对象在视图中的可见性和外观的水平平面集。每个平面图都具有视图范围属性,该属性也称为可见范围。在视图【属性】选项栏【范围】面板中可编辑【视图范围】,打开【视图范围】对话框,如图 5.28 所示。

范围	
裁剪视图	☐
裁剪区域可见	☐
注释裁剪	☐
视图范围	编辑...
相关标高	1F
范围框	无
截剪裁	不剪裁

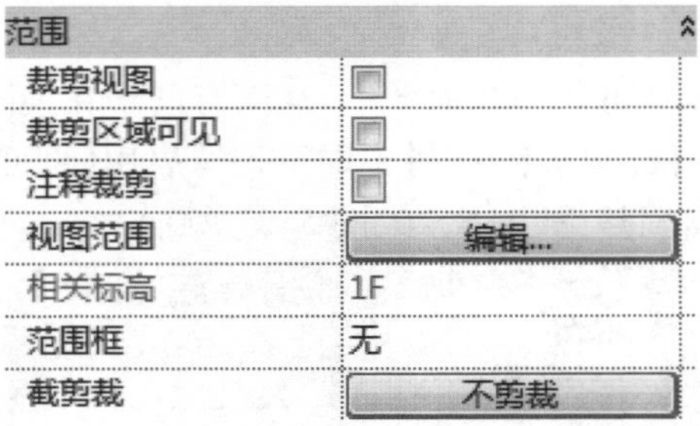

图 5.28　视图范围

定义视图范围的水平平面为“俯视图”“剖切面”和“仰视图”。视图范围的设置界面如图 5.29 所示。其中,顶剪裁平面和底剪裁平面表示视图范围的最顶部和最底部的部分;剖切面是一个平面,用于确定特定图元在视图中显示为剖面时的高度,这 3 个平面组成了视图范围的主要范围。视图深度是主要范围之外的附加平面,更改视图深度以显示底裁剪平面下的图元。默认情况下,视图深度是与底剪裁平面重合的。

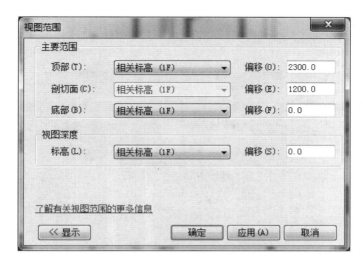

图 5.29　设置视图范围

图 5.30 中的立面显示了平面视图的视图范围(⑦):顶部(①)、剖切面(②)、底部(③)、偏移(从底部)(④)、主要范围(⑤)和视图深度(⑥)。

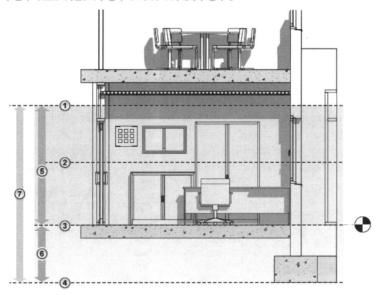

图 5.30　视图范围图解

4)可见性/图形替换

【可见性/图形】可以按对象类别使对象在当前视图中显示或隐藏,也可以显示或隐藏所选择图元。单击【视图】选项卡 ➤【图形】面板 ➤【可见性/图形】工具 ➤ 打开【可见性/图形】对话框(或使用快捷键"vv"直接打开【可见性/图形】对话框)。

在【可见性/图形】对话框(图 5.31)中,可以查看已应用于某个类别的替换。如果已经替换了某个类别的图形显示,单元格会显示图形预览。如果没有对任何类别进行替换,单元格会显示为空白。

图 5.31 可见性/图形替换

5)视图样板

视图样板具有一系列视图属性,视图比例、规程、详细程度以及可见性设置等(图5.32)。例如,使用【可见性/图元替换】对话框中设置的对象类别可见性及视图替换显示仅限于当前视图,如果有多个同类型的视图,需要按相同的可见性或图元替换设置,就可以使用 Revit 提供的【视图样板】功能将设置快速应用到其他视图。使用【视图样板】可以快速为视图应用标准设置,实现施工图文档集的一致性。

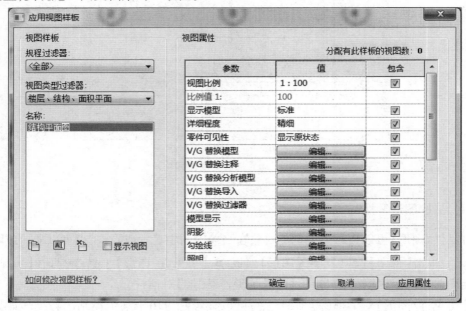

图 5.32 视图样板

在【项目浏览器】中,选择要应用视图样板的一个或多个视图,依次单击【视图】选项卡

➤【图形】面板 ➤【视图模板】下拉列表 ➤【将模板属性应用于当前视图】,或单击鼠标右键并选择【应用模板属性】。

在【应用视图样板】对话框的【视图样板】下,使用【规程过滤器】和【视图类型过滤器】可限制视图样板的列表。接下来,在【名称】列表中,选择要应用的视图样板。若要使用另一个项目视图的视图属性作为视图样板,可选择【显示视图】并从列表中选择视图名称。

 【延伸】

"规程"即项目的专业分类。项目视图的规程有建筑、结构、机械、电器、卫浴等。Revit将根据视图规程高亮显示属于该规程的对象类别,比如选择"电气"将淡显建筑和结构类别的图元,选择"结构"将隐藏视图中的非承重墙。

6)临时隐藏/隔离

在建立模型过程中,将图元对象在当前视图中暂时隐藏或隔离,有助于在视图中查看和编辑特定类别的图元。"隐藏"工具可在视图中隐藏所选图元,"隔离"工具可在视图中显示所选图元并隐藏所有其他图元。例如,选择隔离墙和门,则仅在视图中显示墙和门;而选择隐藏墙和门,在视图中则看不见所有墙和门。可以按对象类别控制对象在当前视图中隐藏或隔离,也可以隐藏或隔离所选择图元。

在视图中,选择一个或多个图元,并在【视图控制栏】,单击【🕶临时隐藏/隔离】,选择"隔离类别""隐藏类别""隔离图元"或"隐藏图元"。

5.3.4 标记和注释

在施工图中,需要详细表述总尺寸、轴网尺寸、门窗平面定位尺寸以及视图中各构件图元的定位尺寸,还必须标注各楼板、室内外标高、排水方向、坡度及高程点信息。在Revit【视图】选项卡中,提供了多种工具以添加尺寸标注、高程点、文字、符号等注释信息,如图5.33所示。

图5.33 标记和注释

下面以尺寸和高程标注为例,介绍尺寸标注的两个常用场景。

1)添加尺寸标注

以线性尺寸标注为例,将标注添加到图形两个点之间进行测量。

单击【注释】选项卡 ➤【尺寸标注】面板 ➤【线性】。将光标放置在图元(如墙或线)的参照点上,或放置在参照的交点(如两面墙的连接点)上,如果可以在此放置尺寸标注,则参照点会高亮显示。通过按 Tab 键,可以在交点的不同参照点之间切换。

单击以指定参照,将光标放置在下一个参照点的目标位置上并单击。在移动光标时会显示一条尺寸标注线,如果需要也可以连续选择多个参照。选择另一个参照点后,按空格键使尺寸标注与垂直轴或水平轴对齐。当选择完参照点之后,从最后一个图元上移开光标并单击,此时即可显示尺寸标注,如图5.34所示。

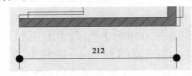

图5.34 线性尺寸标注

2) 添加高程点标注

使用高程点标注可以记录所选择图元的高程值。高程点标注可以采用高程点、高程点坐标或高程点坡度的形式放置。高程点可以显示选定点的高程或图元的顶部和底部高程。高程点坐标可以显示选定点的"北/南"和"东/西"坐标,还显示选定点的高程。高程点坡度可以显示图元的面或边上的特定点处的坡度。

以放置高程点为例,使用高程点以获取坡道、道路、地形表面和楼梯平台等的高程点。

单击【注释】选项卡 ➤【尺寸标注】面板 ➤【高程点】,可以将高程点放置在非水平表面和非平面边缘上,如图5.35所示,也可将其放置在平面、立面和三维视图中。

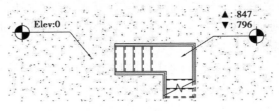

图5.35 高程点标注

5.3.5 创建明细表和图纸

1) 创建明细表

使用明细表可以统计项目中各类图元对象信息,生成模型图元数量、材质数量、图纸列表、视图列表和注释块列表等各种样式的明细表。在进行施工图设计时,最常用的表格是门窗统计表。使用【明细表/数量】工具可以统计并列表显示所有门、窗图元的宽度、高度、数量等信息。下面以门明细表为例,说明创建明细表的详细步骤。

①单击【视图】选项卡 ➤【创建】面板 ➤【明细表】下拉列表 ➤【 明细表/数量】。在【新明细表】对话框中,从【类别】列表中选择构件"门",【名称】文本框中会显示默认名称,也可以根据需要修改该名称。勾选"建筑构件明细表",不选择"明细表关键字"("关键字明细表"通过定义关键字自动添加一致的明细表信息),如图5.36所示。

②在【明细表属性】对话框中,可选择字段指定明细表属性,还可过滤数据、对数据进行排序和分组、设置明细表格式、更改明细表的外观,如图5.37所示。单击"确定",生成明细表,如图5.38所示。

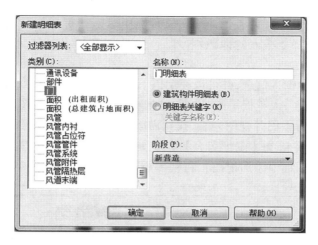

图 5.36 新建明细表

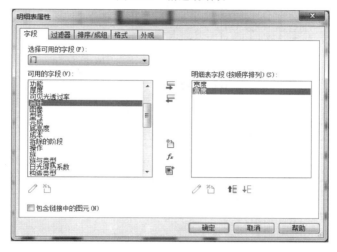

图 5.37 设置明细表属性

〈门明细表〉

A	B	C	D
族与类型	高度	宽度	合计
D2_D3_甲种防火门	2100	1200	1
SD1_SD2铁卷门(	2500	1500	1
SD1_SD2铁卷门(	2500	3500	1
电梯开口门族群:1	2000	1000	1
D1_铁推门(甲种防	2100	1200	1
D9_木门:75×210c	2100	750	1
D9_木门:75×210c	2100	750	1

图 5.38 门明细表范例

2)创建图纸

使用【新建图纸】工具可以为项目创建图纸视图。单击【视图】选项卡 ➤【图纸组合】面板 ➤【🗔图纸】。在【新建图纸】对话框中,从列表中选择一个标题栏。如果该列表不显示所需的标题栏,可单击【载入】。在"Library"文件夹中,打开"标题栏"文件夹,或定位到该标题栏所在的文件夹,选择要载入的标题栏,然后单击【打开】。选择"无"将创建不带标题栏的图纸。

在图纸的标题栏中输入信息,并可以使用以下方法之一在图纸中添加一个或多个视图,包括楼层平面、场地平面、天花板平面、立面、三维视图、剖面、详图视图等。

①在【项目浏览器】中展开视图列表,找到需放置的视图并将其拖曳到图纸上。

②单击【视图】选项卡 ➤【图纸组合】面板 ➤【放置视图】,在【视图】对话框中选择一个视图,然后单击【在图纸中添加视图】,将视图添加到图纸中。图5.39所示为某图纸范例。

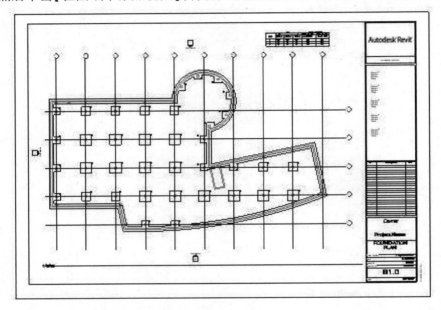

图5.39 图纸范例

5.4 建立场地模型

5.4.1 标高

标高是有限水平平面,墙、门窗、梁柱、楼板、天花板、屋顶等大部分构件的定位都与标高密切相关。创建标高是建立建筑物模型的第一步,需有立面设计图作为参考,将楼层设置在立面图上所定义的高程位置(多数为楼板面)。使用 Revit 中的【标高】工具,可定义垂直高度或建筑内的楼层标高。下面说明建立标高的详细步骤与注意事项。

1)创建标高

①打开"案例起始模型. rvt"文件。在 Revit 中,【标高】工具必须在立面和剖面视图中才能使用,因此在建立标高之前,必须先打开一个立面视图。如图5.40所示,在【项目浏览器】中,展开【立面(建筑立面)】选项,双击视图名称【南(或北)立面】进入南(或北)立面视图。

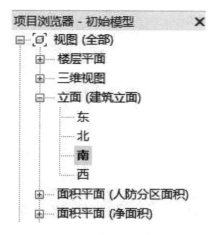

图 5.40 进入立面视图

②如图 5.41 所示,选择【建筑】选项卡,单击【基准】面板中的【标高】工具,进入【修改|放置 标高】选项卡,如图 5.41 所示。

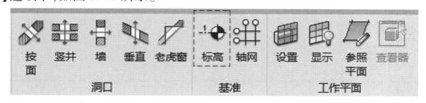

图 5.41 标高

③如图 5.42 所示,默认选择【绘制】面板 ➤【✑线】工具为绘制方式(图 5.42),确认选项栏中已勾选【创建平面视图】,【偏移】为"0.0",如图 5.43 所示。

图 5.42 "线"绘图方式

| 修改 | 放置 标高 | ☑ 创建平面视图 | 平面视图类型... | 偏移: 0.0 |

图 5.43 设置选项栏

📖 【延伸】

在选项栏中,默认情况下【创建平面视图】处于选中状态。因此,所创建的每个标高都是一个楼层,并且拥有与其关联的楼层平面视图、天花板平面视图和结构平面视图。若取消了【创建平面视图】,则认为标高是非楼层的标高或参照标高,并且不创建关联的平面视图。

若在选项栏中单击【平面视图类型】,则可以仅创建在【平面视图类型】对话框中指定的视图类型,如图 5.44 所示。

图 5.44　创建平面视图

④手动绘制标高。案例起始模型已给出 B1 至 2F 标高线。首先建立 3F 标高,移动光标到 2F 标高线左侧端点上方并对齐端点,Revit 会自动与 1F 标高线吸附对齐,显示为蓝色虚线。对齐后,光标和 2F 标高线之间会显示一个临时的垂直尺寸标注,键盘直接输入 2F 至 3F 的层高 3 000,如图 5.45 所示,按"Enter"键确认,即可建立 3F 标高线的绘制起点。

如图 5.46 所示,将鼠标从左向右移动,当出现蓝色虚线时,表示已对齐 3F 标高线的右端点。如图 5.47 所示,单击鼠标左键即完成绘制。单击标头名称,将"B3"重命名为"3F"。

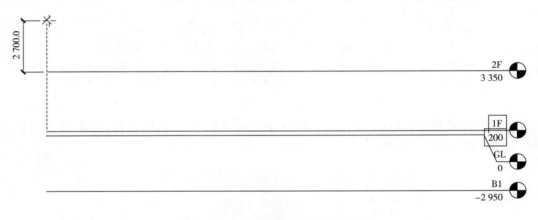

图 5.45　建立 3F 标高线的绘制起点

图 5.46　对齐 3F 标高线的右端点

图 5.47　绘制 3F 标高线

⑤复制创建标高。利用【复制】命令,创建 4F 至 RF、B1 和 GL 标高。

选择标高 2F,进入【修改|标高】选项卡,单击【修改】面板中的【复制】,选项栏勾选选项【约束】和【多个】,如图 5.48 所示。

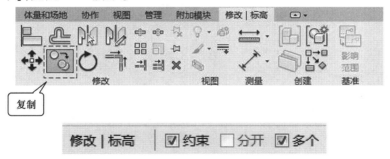

图 5.48　复制创建标高

【延伸】

约束:选择【约束】能使光标仅在水平或垂直方向上移动。

多个:选择【多个】能连续批量地执行复制命令。

【约束】和【多个】选项同样适用于轴网的绘制。

移动光标到标高 3F 线上单击捕捉任意一点作为复制参考点,然后垂直向上移动光标,直接输入层高 3 000,按"Enter"键确认后即可复制新的标高,如图 5.49 所示。

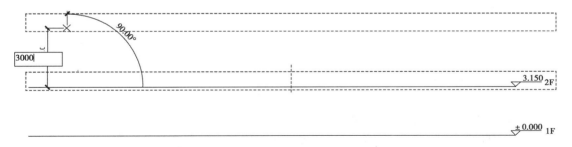

图 5.49　复制创建 3F 标高

成功复制一条标高后,复制命令并未退出,可继续使用相同方法绘制其他标高。绘制完成后,单击标头名称重新命名。

2)编辑标高

(1)修改标头名称

如图 5.50 所示,单击标头即可进入编辑标头名称状态,修改后按"Enter"键确认。同时Revit 会弹出【是否希望重命名相应视图】(图 5.51),选择"是"将重命名与标高关联的视图名称。需注意,标高名称必须是唯一的,否则会出现错误提示,如图 5.52 所示。

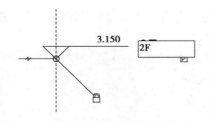

图 5.50　修改标头名称

图 5.51　重命名相应视图

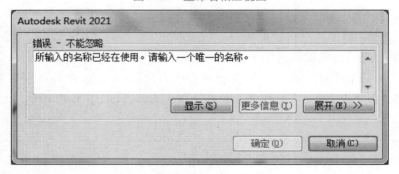

图 5.52　标头名称必须唯一

（2）修改标高类型

选择 GL 标高线,进入【修改|标高】选项卡,在【属性】面板的类型选择器中将标高类型修改为"下标头"类型,使用相同方法修改 B1 标高类型同样为"下标头",如图 5.53 所示。

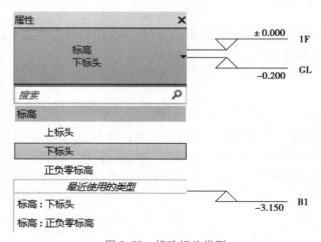

图 5.53　修改标头类型

至此,标高已全部创建完毕,最终完成图如图 5.54 所示。

18.150 RF
15.150 6F
12.150 5F
9.150 4F
6.150 3F
3.150 2F
± 0.000 1F
-0.200 GL
-3.150 B1

图 5.54 标高完成图

3)添加楼层平面视图

在 Revit 中复制的标高是参照标高,在【项目浏览器】➤【楼层平面】项下不会生成相应的平面视图,其标高标头显示为黑色;而通过手动绘制生成的标高,在绘制时自动创建了相应的楼层平面视图,标高标头显示为蓝色,如图 5.55 所示。

标头黑色:无对应平面视图
6.150 3F
标头蓝色:有对应平面视图
3.150 2F

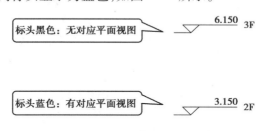

图 5.55 标高标头颜色

读者需手动添加相应的楼层平面视图。如图 5.56 所示,在【视图】选项卡 ➤ 单击【创建】面板 ➤【平面视图】下拉菜单 ➤【楼层平面】➤ 打开【新建楼层平面视图】对话框。如图 5.57 所示,选择需创建的楼层平面视图的对应标高,并勾选【不复制现有视图】。单击【确定】,完成楼层平面视图的创建。

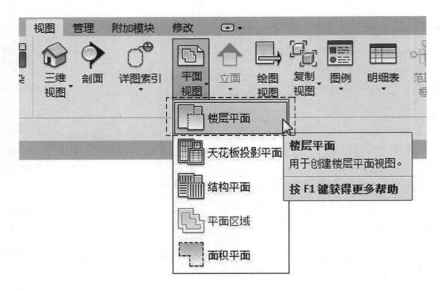

图 5.56　新建楼层平面视图

图 5.57　新建楼层平面视图

5.4.2　轴网

Revit 提供了【轴网】工具,用于构件定位。轴网只需在任意一个平面视图中绘制一次,其他平面、立面和剖面视图中都将自动生成。创建轴网需有平面设计图作为参考,绘制方式与标高基本相同,以下说明建立轴网的详细步骤与注意事项。

1)创建轴网

①在【项目浏览器】中展开【楼层平面】选项,双击视图名称【1F】进入 1F 楼层平面视图。

📖 【延伸】

楼层平面视图中的符号 ⊕ ⊙ ⊙ ⊙ 分别表示东、南、西、北各立面视图的视图位置,双击黑色箭头可切换至相应立面视图。

②选择【建筑】选项卡,单击【基准】面板 ➤【轴网】工具 ➤ 进入【修改|放置 轴网】选项卡 ➤ 选项栏勾选选项【约束】和【多个】 ➤ 默认选择绘制方式为【◩ 线】 ➤ 确认选项栏中【偏移】为 0.0,如图 5.58 所示。

③在【属性】面板的类型选择器中选择【双标头轴网】类型。

④手动绘制水平轴网。移动鼠标光标到绘图区域的左下角空白处,自左向右绘制第一条水平轴线,修改轴号为"A",如图 5.59 所示。

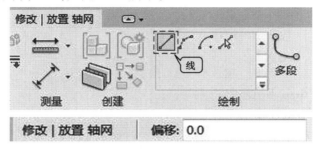

图 5.58 "线"绘图方式

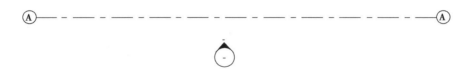

图 5.59 手动绘制水平轴网

⑤复制绘制水平轴网。利用【🔲复制】命令,创建Ⓑ、Ⓒ、Ⓓ轴线。单击选择Ⓐ号轴线 ➤ 进入【修改|轴网】选项卡 ➤ 单击选择【修改】面板中 ➤【🔲复制】命令,选项栏勾选【约束】和【多个】。

移动光标到Ⓐ号轴线上单击捕捉任意一点作为复制参考点,然后垂直向上移动光标,输入间距值 6 050、6 450、2 150,分别生成Ⓑ、Ⓒ、Ⓓ轴线,如图 5.60 所示,按"Esc"键退出复制模式。

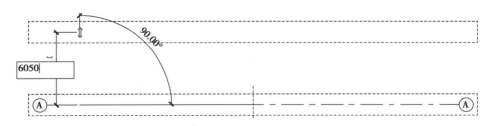

图 5.60 复制绘制水平轴网

⑥使用相同方法绘制垂直轴网。移动鼠标光标到绘图区域的左上角空白处,自上向下

绘制第一条垂直轴线,修改轴号为"1"。

单击选择 1 号轴线 ➤ 进入【修改|轴网】选项卡 ➤ 单击选择【修改】面板中的【复制】命令,选项栏勾选【约束】和【多个】。

移动光标到 A 号轴线上单击捕捉任意一点作为复制参考点,然后水平向右移动光标,分别输入 5 060、6 400、6 450 后按"Enter"键确认,分别生成②、③、④轴线,如图 5.61 所示,按"Esc"键退出复制模式。

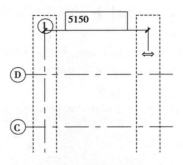

图 5.61　复制绘制垂直轴网

轴网完成图如图 5.62 所示。

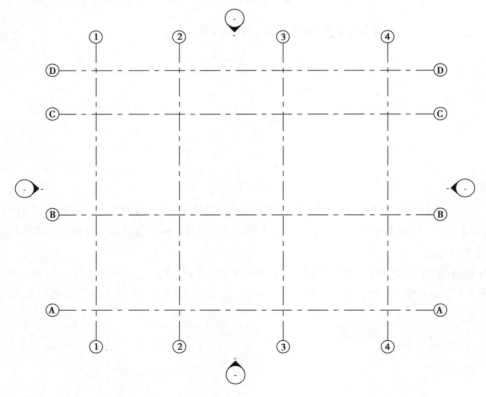

图 5.62　轴网完成图

2）编辑轴网

（1）修改标头名称

如图 5.63 所示，单击标头即可进入编辑标头名称状态，修改后按"Enter"键确认。

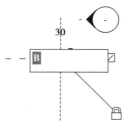

图 5.63　修改标头名称

（2）移动轴网

选择与其他轴网对齐的轴网时，将会出现一个🔒【锁】以显示对齐，如图 5.64 所示。

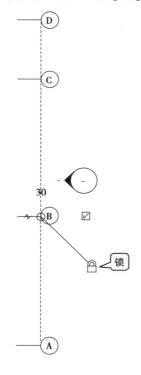

图 5.64　移动轴网

单击⊘【小圈】，水平移动水平轴网，则全部对齐的轴网会随之移动。反之，单击锁将🔒【锁】解开为🔓【解锁】，即可单独移动所选择的单根轴线。

（3）调整轴网长度

在立面视图中，轴网是否与标高相交，决定了在相应楼层平面视图中是否显示轴网。为了维持轴网在不同楼层平面视图的可视性，必须将轴网调整至适当长度，使之与标高相交。

切换至南立面视图，选择垂直轴网，点击⊘【小圈】垂直向上或向下拖动直到与标高相交,如图5.65所示。

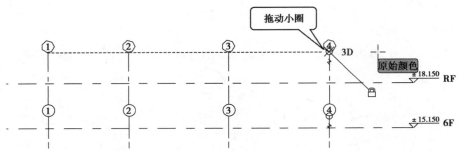

图5.65 调整轴网长度

最终,标高与轴网在南立面视图中如图5.66所示。

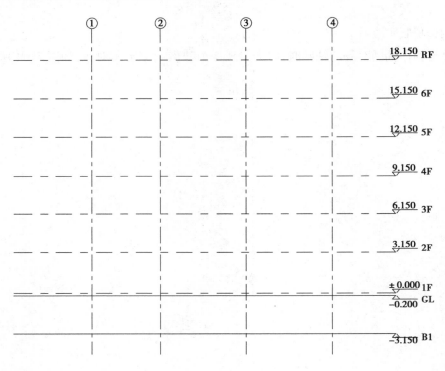

图5.66 标高与轴网完成图

📖 【延伸】

通过导入CAD图纸,能迅速地绘制标高与轴网,其详细步骤如下:

①选择【插入】选项卡 ➤ 单击【导入】面板 ➤【导入CAD】工具 ➤ 进入【导入CAD格式】选项卡 ➤ 选择要导入的图纸,勾选"仅当前图纸",选择图纸对应的导入单位与定位方式"自动.原点到原点"。

②选择绘制方式"拾取线",选取CAD图纸上的标高或轴网即可完成绘制。

5.4.3 土石方工程

土方开挖是在完成地质调查和土壤分析后,将基地土层开挖至预定深度。在虚空间中,可通过场地的规划和设计来完成土方开挖作业。场地,即工程项目进行施工的地方。场地设计中包含建立建筑红线、地形表面、建筑地坪、停车场组件等场地组件。

1)创建建筑红线

在 GL 平面视图中,单击【体量与场地】选项卡 ➤【修改场地】面板 ➤【建筑红线】工具,如图 5.67 所示。

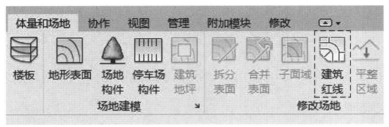

图 5.67 创建建筑红线

在弹出的【创建建筑红线】对话框中单击【通过绘制来创建】,如图 5.68 所示。

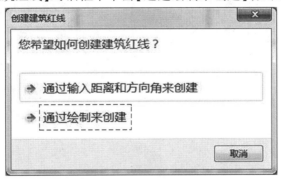

图 5.68 绘制创建建筑红线

在任意绘制上、下、左 3 条线后,修改上方建筑红线距离ⓒ轴 2 850 mm,长度为 30 120 mm;左边建筑红线距离①轴 1 320 mm,长度为 18 700 mm;下方建筑红线距离Ⓐ轴 3 350 mm,长度为 32 270 mm。连接右面建筑红线,使用【修改】面板 ➤【修改/延伸为角】工具修建多余的线条,最后单击【 ✔确定】完成绘制。

由于下方为地界线,为和建筑红线作区分,可在【注释】选项卡 ➤【详图】面板 ➤ 单击【详图线】 ➤ 进入【修改|放置 详图线】选项卡,在【线样式】中选择其他线样式。绘制完成后如图 5.69 所示。

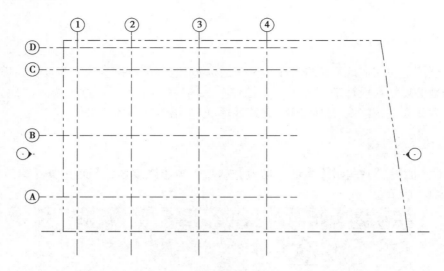

图 5.69　建筑红线完成图

2)建立地形表面

在 GL 平面视图中,单击【体量与场地】选项卡 ➤【地形表面】,进入【修改|编辑表面】选项卡,如图 5.70 所示。

图 5.70　建立地形表面

选择【放置点】工具,如图 5.71 所示。点选建筑红线边界的 4 个交点,建立地形表面,如图 5.72 所示。

图 5.71　放置点建立地形表面

在【属性】面板中单击【材质】选项,进入【材质浏览器】窗口,为地形选择材质为【植栽】。单击确定退出,单击【 ✓ 确定】完成地形的绘制。

可在 3D 视图中使用【剖面框】工具观察地形,如图 5.73 所示。

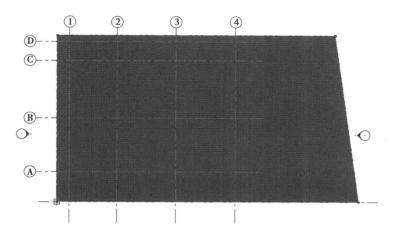

图 5.72 放置点建立地形表面

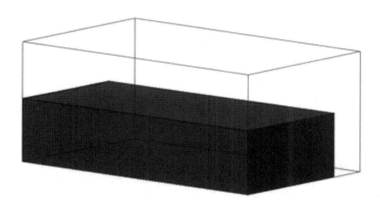

图 5.73 剖面框查看地形表面

3)创建建筑地坪

①以距离①、④、Ⓐ、Ⓓ四边轴网各 500 mm 绘制参考平面,作为土方开挖的边界。

②在 GL 视图中,单击【体量与场地】选项卡 ➤【建筑地坪】 ➤ 进入【修改 I 创建建筑地坪边界】面板。

在【属性】面板中选择"PC 打底 10 cm"类型,并定义"自标高的高度偏移"值为 5 000,即开挖深度为 5 m。选择绘制方式为"矩形",沿①中绘制的参考平面绘制建筑地坪,如图 5.74 所示,单击【✔确定】完成绘制。

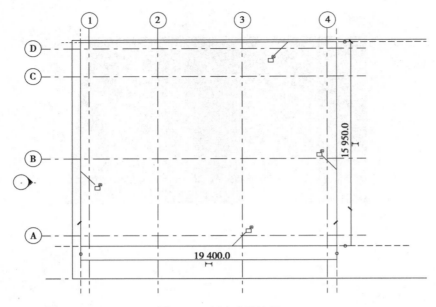

图 5.74　创建建筑地坪

可在 3D 视图中使用【剖面框】工具观察模型，如图 5.75 所示。

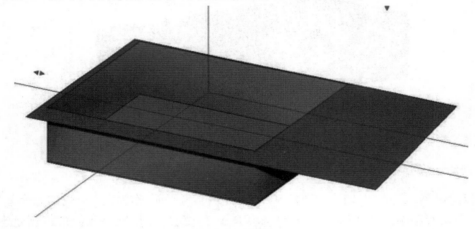

图 5.75　剖面查看建筑地坪

5.4.4　挡土工程

为了防止基坑周围发生土壤坍塌，须设置挡土设施，以阻挡侧向土压力及水压力，这对地下构造物施工的作业空间及安全性至关重要。由于较早期的建设工程开挖深度较浅，故挡土设施多选择钢板桩作为挡土的临时结构物。然而，由于人口密集城市的发展需要和环境限制，挡土设施的建设高度越来越高，开挖深度越来越深，场地限制越来越多，目前以连续墙作为挡土设施的建设工程已相当普遍，使用连续墙还可同时省去建设地下结构外墙的成本。

考虑到本书案例建设高度低、开挖深度浅，且为了简化建模复杂度，因此采用钢板桩作为挡土设施。钢板桩是由钢材组成的一种钢结构物，强度高、密水性好、施工简单、工期较短且结构形式对称，有利于重复回收使用，不易受天气影响。利用钢板桩作为挡土墙，可配合水平支撑与中间桩以提供完整的挡土、挡水结构。

由于钢板桩在 Revit 中无相对应的模型图元,理论上应先制作钢板桩的组件再载入使用,但制作新的组件并不在本书的范围之内,因此在本书案例的案例起始模型中已载入钢板桩组件,方便读者直接进行挡土工程的建模。如图 5.76 所示为钢板桩组件的局部放大示意图。

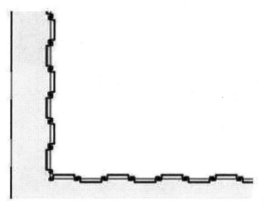

图 5.76 钢板桩局部放大示意图

在 GL 平面视图中,单击【结构】选项卡 ➤【模型】面板 ➤【模型组】下拉面板 ➤【放置模型组】,沿土方开挖边界放置"钢板桩",如图 5.77、图 5.78 所示。

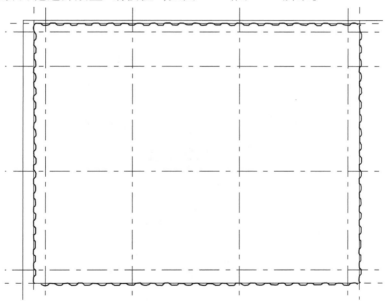

图 5.77 钢板桩完成图

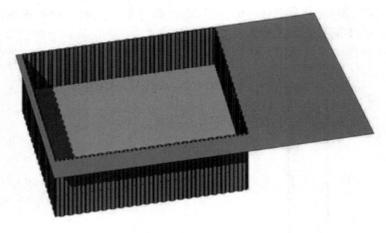

图 5.78　剖面框查看钢板桩

5.4.5　基础工程

本案例采用的基础形式为筏形基础,需建立结构楼板、结构柱、梁来完成筏形基础的施工,紧接着再进行回填土施工后建立地下一层(B1)的楼板。

1)筏基础柱

在 B1 楼层视图中,单击【结构】选项卡 ➤【结构】面板 ➤【柱】,进入【修改|放置 结构柱】选项卡。在【属性】栏中选择"混凝土-矩形 40 × 40"类型;在选项栏中选择"深度"为"2050","未连接"。在 CAD 图"C0 柱"处单击放置,使用【对齐】工具将其与 CAD 图纸位置对齐,如图 5.79 所示。

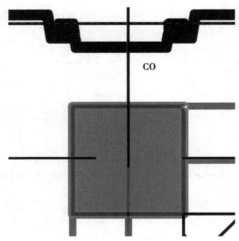

图 5.79　放置筏基础柱

使用相同方法或使用【复制】工具完成其他结构柱的绘制,绘制完成后如图 5.80 所示。

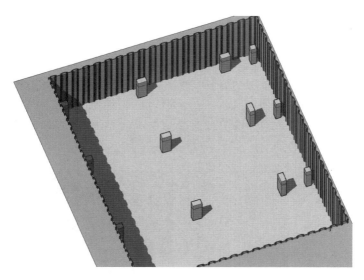

图5.80 筏基础柱完成图

2) 筏基础梁

在 B1 楼层视图中,单击【结构】选项卡 ➤【结构】面板 ➤【梁】,进入【修改 | 放置 梁】选项卡。在【属性】选项板中选择"混凝土-梁 40×205"类型,在【几何图形位置】中【Y 轴对正】选择"中心线",在选项栏中选择【放置平面】为"B1"。在 CAD 图"FWB1"处连接前后端点绘制,使用【对齐】工具将其与 CAD 图纸位置对齐,如图 5.81 所示。

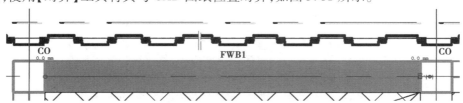

图5.81 绘制筏基础梁

使用相同方法或使用【复制】工具完成其他地梁的绘制,绘制完成后如图 5.82 所示。

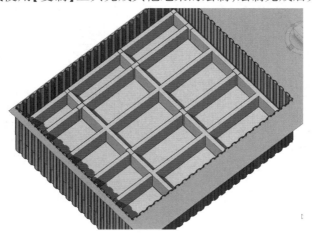

图5.82 筏基础梁完成图

3)筏基础板

在 B1 楼层视图中,单击【结构】选项卡 ➤【结构】➤【楼板】下拉面板 ➤
【楼板:结构】,进入【修改丨创建楼层边界】选项卡。在【属性】栏中选择"一般 – 50 cm"类型,
在【约束】中【标高的高度偏移】值定义为" – 1 550 mm"。绘制方式选择【拾取线】,通过拾取
梁边线,并配合使用【修改/延伸为角】工具修建多余的线条,形成封闭的矩形。单击【✔确
定】完成板的绘制,如图 5.83 所示。

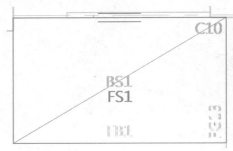
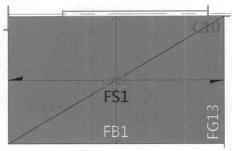

图 5.83　绘制筏基础板

由于回填土不具有对应的模型图元,因此可用建筑楼板代替回填土,建立"回填级配"。
在 B1 楼层视图中,单击【建筑】选项卡 ➤【构建】➤【楼板】下拉面板 ➤【楼板:建筑】,进
入【修改丨创建楼层边界】选项卡。在【属性】栏中选择"回填级配"类型,在【约束】中"标高
的高度偏移值"定义为" – 150 mm"。绘制方式选择【拾取线】,通过拾取梁边线,并配合使用
【修改/延伸为角】工具修建多余的线条,形成封闭的矩形。单击【✔确定】完成板的绘制,
如图 5.84 所示。

图 5.84　建立回填级配

使用与建立筏基础板相同的方法建立筏基础顶板,即 B1 的楼板。在 B1 楼层视图中,单击【结构】选项卡 ➤【结构】➤【楼板】下拉面板 ➤【楼板:结构】,进入【修改|创建楼层边界】选项卡。在【属性】栏中选择"RC 板(15)"类型,在【约束】中"标高的高度偏移"值定义为"0 mm"。绘制方式选择【拾取线】,通过拾取梁边线,并配合使用【修改/延伸为角】工具修建多余的线条,形成封闭的矩形。单击【 ✓ 确定】完成板的绘制,如图 5.85 所示。

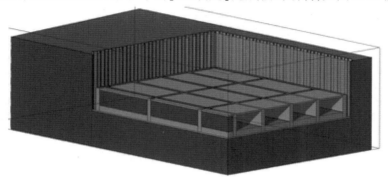

图 5.85　筏基础板完成图

5.5　建立建筑模型

在完成上一节标高与轴网的绘制,以及土石方工程、挡土工程及基础工程的模型建立后,本节将开始为案例模型创建地下一层(B1 层)至屋顶层的建筑模型。

5.5.1　B1 模型建立

1)B1 柱

B1 的柱与筏基础柱在平面图上布置相同,因此可以采用复制方式进行绘制。

由于无法看到楼层下的柱,首先在 B1 视图【属性】面板单击【编辑】视图范围,打开【视图范围】对话框。调整【主要范围】:【底部】的【偏移】为" −100mm",【视图深度】的【偏移】为" −100 mm",如图 5.86 所示。

范围	⌃
裁剪视图	☐
裁剪区域可见	☐
注释裁剪	☐
视图范围	编辑...
相关标高	B1
范围框	无
柱符号偏移	304.8
裁剪裁	不剪裁

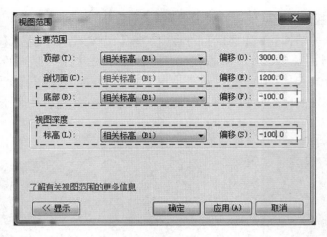

图5.86　修改视图范围

使用鼠标左键框选中 B1 视图中所有模型及视图,在弹出的【修改|选择多个】选项卡选择【过滤器】,如图 5.87 所示。在【过滤器】对话框中单击"放弃全部"后选择"结构柱",再单击【确定】,如图 5.88 所示。

图5.87　过滤器

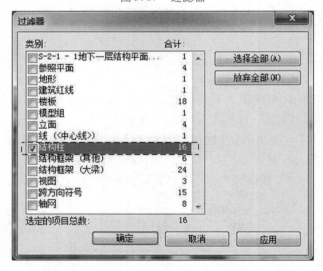

图5.88　仅选择结构柱

在【修改|结构柱】的【剪贴板】中,单击【复制】工具后,单击【粘贴】下拉面板中的【与选定的标高对齐】,并在【选择标高】对话框中选择"1F",如此即可将 B1 的筏基础柱复制至 1F,如图 5.89—图 5.91 所示。

图 5.89　复制与粘贴

图 5.90　粘贴至"与选定的标高对齐"

图 5.91　粘贴至 1F

然后,在【属性】面板中修改【底部标高】为"B1",【顶部标高】为"1F",【底部偏移】为"0"。

2）B1 墙

在【建筑】选项卡 ➤【墙】下拉面板中选择【墙:建筑】。在【属性】面板中选择"RC 墙(20)"类型,绘制方式为【拾取线】,沿 CAD 标注绘制,如图 5.92 所示。

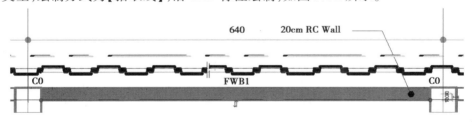

图 5.92　绘制 B1 墙

使用相同方法绘制其他墙体。需注意,内墙部分厚度不同,应在【属性】面板中选取不同墙类型,所以读者需仔细阅读图纸。其中,蓄水池的高度为"1 950 mm",应在【属性】面板中修改【底部标高】与【顶部标高】皆为"B1",【顶部偏移】为"1 950 mm"。B1 墙体绘制完成后如图 5.93 所示。

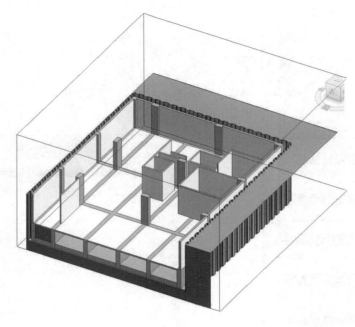

图 5.93   B1 墙完成图

3) B1 门窗

在 B1 平面视图中,在【建筑】选项卡的【构件】面板中单击【门】,进入【修改丨放置 门】选项卡。在【属性】选项栏中选择"D2 120×210"类型,并在 CAD 图纸中的相应位置单击放置,配合使用【对齐】工具使门边与图纸线对齐,如图 5.94 所示。

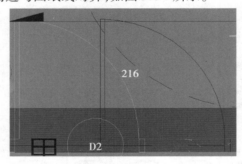

图 5.94   放置 B1 门

电梯洞口使用"电梯开口门"族类型。其他门与窗的建立方法与上述相同。B1 建模完成后如图 5.95 所示。

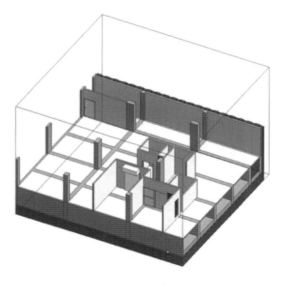

图 5.95　B1 门窗完成图

4) B1 楼梯

（1）室内楼梯

在 B1 平面视图中，在【建筑】选项卡的【楼梯坡道】面板中单击【楼梯】，进入【修改 | 创建楼梯】选项卡。在【属性】选项栏中选择"B1-2F 室内 RC 梯"类型，修改实际梯段宽度为"950 mm"，将鼠标放至梯段的中心点，向上绘制第一个梯段，如图 5.96 所示。

接着，在【修改 | 创建楼梯】选项卡的【构件】面板中单击【平台】，并选择绘制方式为【创建草图】的【矩形】方式。第一个平台面相对高度为"1 667.6 mm"，第二个平台面相对高度 = 第一平台面高度 + 楼高/阶数，即"1 852.9 mm"。沿 CAD 边线绘制第一个矩形平台，为使两个平台有所重叠，将第一个平台向右延伸"200 mm"，绘制完成后单击【确定】，如图 5.97 所示。

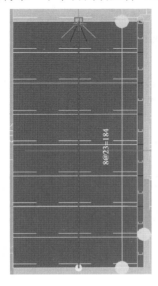

图 5.96　绘制 B1 室内楼梯

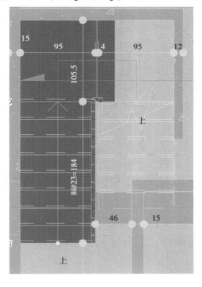

图 5.97　绘制 B1 室内楼梯

使用相同方法绘制右边第二个平台及梯段，绘制完成单击【确定】，会出现如图 5.98 所

示的错误提示。原因是模型中有多余且不连续的栏杆,双击栏杆进入【修改|栏杆扶手】选项卡,单击【模式】中的【编辑路径】,修剪栏杆扶手的路径线条,并选择栏杆扶手的属性类型为"900 mm 方管"。

楼梯绘制完成后如图 5.99 所示。

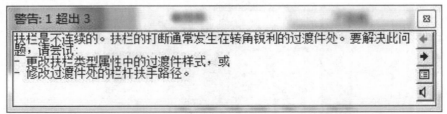

图 5.98 栏杆不连续

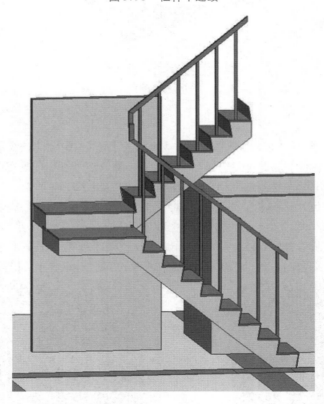

图 5.99 B1 室内楼梯完成图

(2)室外楼梯

在 B1 平面视图中,在【建筑】选项卡的【楼梯坡道】面板中单击【楼梯】,进入【修改|创建楼梯】选项卡。在【属性】选项栏中选择"室外 RC 梯"类型;修改【底部标高】和【顶部标高】分别为"B1"和"1F";修改实际梯段宽度为"2 080 mm",将鼠标放置梯段的中心点,向上绘制梯段,绘制完成单击【确定】,如图 5.100 所示。

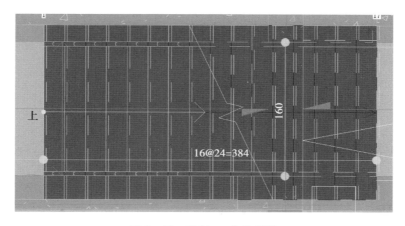

图 5.100　绘制 B1 室外楼梯

切换至 3D 视图,可以看到图中的栏杆扶手放置在柱中间,因此,需使用对齐工具将栏杆扶手移至 CAD 图中相应正确位置,并修改栏杆扶手的属性类型为"900 mm 方管"。绘制完成后如图 5.101 所示。

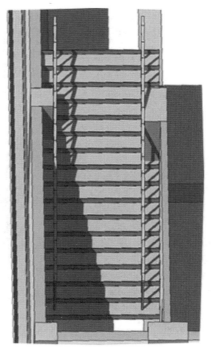

图 5.101　B1 室外楼梯完成图

5.5.2　1F 模型建立

1) 1F 梁、板

由于在建立 B1 梁、板时已介绍其建模方法,故详细的建模步骤不再赘述。1F 梁、板绘制完成后可通过 3D 视图的剖面框来检查,如图 5.102 所示。

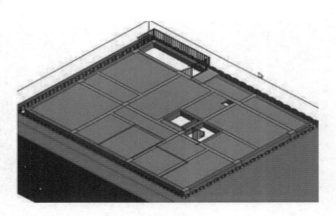

图5.102　1F梁、板完成图

2)1F柱、墙

由于在建立 B1 柱、墙时已介绍其建模方法,故详细的建模步骤不再赘述。1F 柱位置与 B1 柱位置基本相同,因此在 Revit 中可以使用复制的方式来完成,以提高绘图效率。

在 B1 平面视图中,使用鼠标左键框选视图中的全部模型组件,在跳出的【修改 | 选择多个】选项卡中单击【过滤器】工具,选择所有的结构柱图元,单击确定。在跳出的【修改 | 结构柱】选项卡中单击【复制】工具,继续单击【粘贴】工具下拉面板中的【与选定的标高对齐】,在【选择视图】窗口中选择需粘贴的"楼层平面:1F",单击确定即可粘贴至 1F 视图。

1F 墙同样包含 RC 墙和砖墙,读者需要注意 CAD 图纸上正确的位置和选用正确的墙图元类型。1F 柱、墙绘制完成后,可通过 3D 视图的剖面框来检查,如图 5.103 所示。

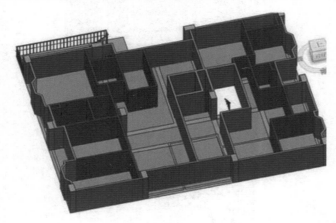

图5.103　1F柱、墙完成图

3)1F 门、窗、楼梯

由于在建立 B1 门、窗时已介绍其建模方法,故详细的建模步骤不再赘述。楼梯 1F 至 2F 楼梯与 B1 至 1F 楼梯的室内 RC 梯是相同的,直接采用复制方式即可。1F 门、窗、楼梯绘制完成后,可通过 3D 视图的剖面框来检查,如图 5.104 所示。

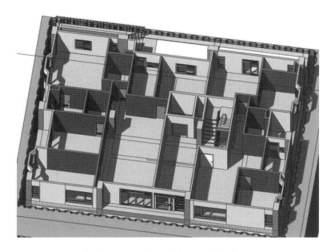

图 5.104　1F 门、窗、楼梯完成图

5.5.3　2F 至 6F 模型建立

由于已在前两节详细介绍建模方法与步骤,故 2F 至 6F 的建模步骤不再赘述,以下仅针对几个需要多加注意的细节之处进行说明。

①2F 与 1F 的层高不同,1F 至 2F 的高程差为"3 150 mm",而 2F 与 3F 的高程差为"3 000 mm",因此在复制柱、墙之后需修改柱、墙的顶部偏移。2F 绘制完成后如图 5.105 所示。

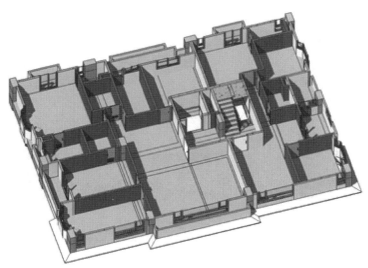

图 5.105　2F 绘制完成图

②绘制 2F 屋檐板。屋檐板的建模方法与建立楼板大致相同,只是屋檐板从建筑物向外延伸,同时楼板的厚度靠建筑物的内外侧不同,形成一种斜面式的楼板。下面说明绘制 2 屋檐板的详细步骤。

在 2F 楼层视图中,单击【结构】选项卡 ➤【结构】➤【楼板】下拉面板 ➤【楼板:结构】,进入【修改|创建楼层边界】选项卡,在【属性】栏中选择"屋檐 RC 板(25)"类型,绘制方式选择【拾取线】,通过拾取屋檐边线,并配合使用【修改/延伸为角】工具修建多

余的线条,绘制成如图5.106所示的封闭图形,单击【✔确定】完成板的绘制。

接下来,如图5.107和图5.108所示,在3D视图中选中屋檐板,进入【修改|楼板】选项卡,选择【修改子图元】工具。单击高亮的下檐两个角点,并输入其高程为"−200 mm"。单击【✔确定】完成板的绘制,2F屋檐板绘制完成后如图5.109所示。

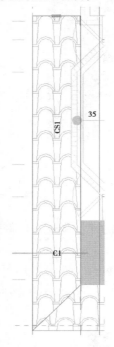

图5.106　绘制2F屋檐板

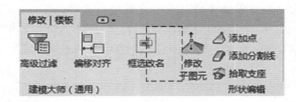

图5.107　修改子图元

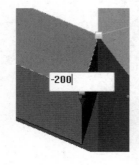

图5.108　修改屋檐板角点高程值

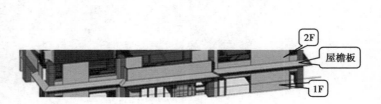

图5.109　2F屋檐板完成图

③由于3F至6F为标准层,故4F至6F可以3F为基础复制完成。3F绘制完成后如图5.110所示。

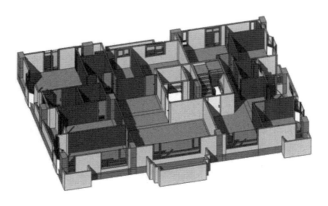

图 5.110　3F 绘制完成图

5.5.4　屋顶层模型建立

1）RF 梁、楼板

RF 梁与楼板和 3F 结构位置基本相同,因此可使用复制工具将 3F 的梁、楼板粘贴至 RF。RF 梁板绘制完成后如图 5.111 所示。

图 5.111　RF 梁、板完成图

2）RF 女儿墙

女儿墙的建立方法与外墙相同,沿屋顶层外侧建立即可。其高度和厚度分别为"1 100 mm"和"100 mm",即【基准约束】和【顶部约束】都可定义为"RF",【顶部偏移】为"1 100 mm"。需注意,南、北侧阳台和管道间,女儿墙需向下延伸"650 mm",即【基准偏移】应定义为"-650 mm"。RF 女儿墙绘制完成后如图 5.112 所示。

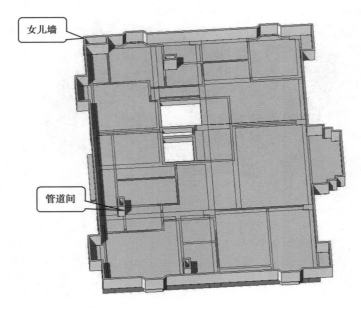

图 5.112 RF 女儿墙、管道间

屋顶女儿墙与 2F 至 6F 的阳台女儿墙都需装置栏杆,可以用扶手图元来建立。由于 2F 只有南面阳台女儿墙有栏杆,故可先在 3F 平面视图将所有扶手图元建好后,将南面栏杆复制到 2F、4F 与 6F,将北面栏杆复制到 4F、6F。

3)管道间开口

地上层每一层均有 4 个管道间,需要穿过楼板直到屋顶层,可采用开口图元来建置管道间。单击【建筑】选项卡 ➤【洞口】面板 ➤【竖井】工具,设置其【底部约束】为"1F",扣除楼板厚度定义【基准偏移】为" −150 mm",【顶部约束】为"RF"。

其次,需在屋顶层沿管道间开口建"100 mm"厚、"1 100 mm"高的 RC 墙,并在顶部建立"100 mm"厚的楼板盖住开口,同时在某一墙面配上透气百叶窗。

4)屋顶突出物

屋顶突出物包括 RF 层、P2 层、P3 水箱及 PR 屋顶。首先由 RF 层开始建立至 P2 层梁和楼板,包括 RF 至 P2 的柱、墙;RF 的门、窗;RF 至 P2 的楼梯;P2 的梁和楼板。接着,建立 P2 层柱、墙、窗以及 P3 水箱和 PR 屋顶。顺序是:P2 的柱、墙、窗;P3 的梁、楼板、柱、墙;最后是水箱的底板、顶板、人孔盖和突缘。特别需要注意的是:

①P3 水箱的底板为 200 mm 厚的结构楼板,距 P3 楼层高度为 500 mm,同样水箱顶板即 PR 平屋顶是整块盖住水箱的结构楼板。

②在 PR 平屋顶上,需放置两个人孔盖,如图 5.113 所示。案例模型中已载入人孔盖对应的族。人孔盖周围还需建立 100 mm 厚、50 mm 高的 RC 墙将其包围,因此可设置墙的【顶部约束】为"未连接",【无连接高度】为"50 mm"。

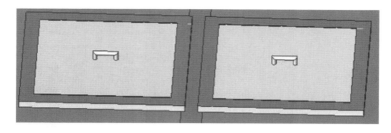

图 5.113 人孔盖

③在 PR 平屋顶最外围也需建立厚和高均为 100 mm 的突缘墙。屋顶突出物模型绘制完成后如图 5.114 所示。

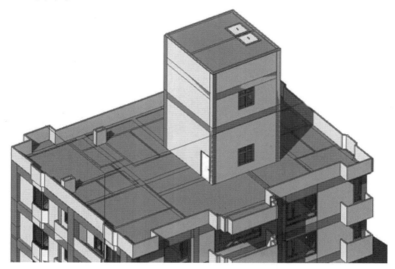

图 5.114 RF 屋顶层及屋顶突出物完成图

5.5.5 建筑物外观装修

1）屋面装修

装修工程所需的使用材料很多,若在 Rrevit 软件中并无相应材料,则必须创建一个新材料并定义其材料属性。具体可在【管理】选项卡【设置】面板中选择【材质】工具,在材质浏览器中创建材质,并设定其着色、表面填充图案、截面填充图案等。为练习方便,本案例已提前建立相应材料,读者可直接选用。

屋面的装修在不同部分将使用不同材料。在屋突屋面和四周突缘内侧使用"1:2水泥砂浆上刷 PU 防水漆";突缘顶面和梁、柱使用"马赛克";墙面使用"二丁挂";女儿墙内侧及通风管道间 4 个面则使用"1:3水泥砂浆粉光漆乳胶漆"。

粉刷部分可直接使用【填色】工具来完成。以使用"1:2水泥砂浆上刷 PU 防水漆"粉刷屋面为例,其详细步骤如下:

①在三维视图中单击【修改】选项卡 ➤【几何图形】面板 ➤【填色】工具,如图 5.115 所示。

②在材质浏览器窗口中,选择"1:2水泥砂浆上刷 PU 防水漆"材料,如图 5.116 所示。

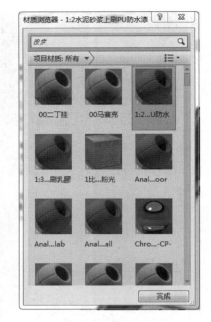

图 5.115　RF 填色工具　　　　图 5.116　选择材质

③在三维模型中点选屋面及突缘内侧四周,赋予材料,如图 5.117 所示。

图 5.117　RF 屋面及突缘四周示意图

2)外墙装修

建立外墙装修材料时,可查阅建筑平面图的立面图或粉刷表等。外墙的装修要求及建模方法如表 5.2 所示,以二丁挂为主,阳台部分使用马赛克。

表 5.2　外墙装修要求

装修部位	阳台	其他
装修要求	贴马赛克	贴二丁挂
建模方法	【填色】	【填色】

由于【填色】的装修方法与上节所述相同,故不再赘述,装修完成后如图 5.118 所示。

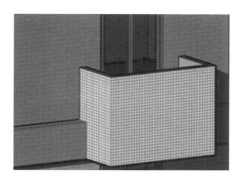

图 5.118　外墙装修示意图

5.5.6　建筑物室内装修

1）天花板装修

天花板的装修要求及建模方法如表 5.3 所示，除厨房和卫浴空间外，其他房间皆使用"上刷 1:3 水泥砂浆粉光漆乳胶漆"材料进行填色；而厨房和卫浴空间由于较为潮湿，需安装"防水塑料企口天花板"。

表 5.3　天花板装修要求

装修部位	厨房、卫浴	其他
装修要求	安装防水塑料企口天花板	刷 1:3 水泥砂浆粉光漆乳胶漆
建模方法	建立【天花板】	【填色】

由于【填色】的装修方法与上节所述相同，以下仅说明建立厨卫天花板的详细步骤。

①本案例中已建立"防水塑料企口天花板"族元件。在平面视图中，单击【建筑】选项卡 ➤ 【构建】 ➤ 【天花板】，进入【修改|放置天花板】选项卡。

②选择"绘制天花板"工具绘制天花板的封闭图形，如图 5.119 所示，黄色天花板为厨房卫浴的"防水塑料企口天花板"。

图 5.119　厨房卫浴天花板

2) 内墙装修

查询建筑平面图的粉刷表,内墙装修要求如表5.4所示。

表5.4　内墙装修要求

装修部位	门厅	厨房、卫浴	阳台	其他
装修要求	贴大理石	贴瓷砖	贴二丁挂	刷1:3水泥砂浆粉光漆乳胶漆
建模方法	建立【建筑墙】	建立【建筑墙】	【填色】	【填色】

由于【填色】的装修方法与上节所述相同,以下仅以装修门厅内墙贴大理石为例,说明建立【建筑墙】的详细步骤。

①本案例中已建立"大理石"和"瓷砖"族元件,读者也可以自行建立。在平面视图中,单击【建筑】选项卡 ➤ 【构建】 ➤ 【墙】下拉面板 ➤ 【墙:建筑】,进入【修改 | 放置墙】选项卡。

②选择"基本墙 大理石"类型,沿门厅的区域,将建筑墙绘制在该区域隔间墙的内侧,绘制完成后如图5.120所示。

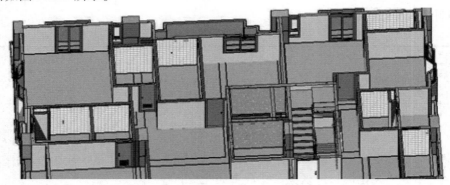

图5.120　内墙装修示意图

3) 地坪装修

查询建筑平面图的粉刷表,地坪装修要求如表5.5所示。

表5.5　地坪装修要求

装修部位	门厅、楼梯间	卧室、更衣室、厨房、卫浴	客厅、餐厅	阳台	地下室、突出物	屋顶
装修要求	贴大理石	贴地砖	贴抛光石英砖	贴石英砖	刷1:3水泥砂浆粉光	刷1:2水泥砂浆上刷PU防水漆
建模方法		建立【建筑楼板】			【填色】	

建模方法与以前所述相同,故不再赘述,装修完成后如图5.121所示。

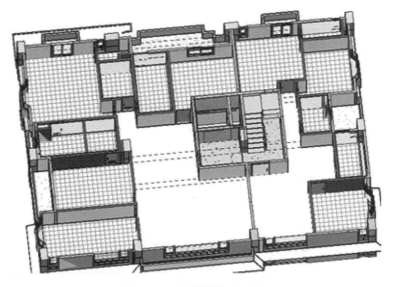

图 5.121　地坪装修示意图

4）厨卫设备

厨卫设备的建模需使用【放置构件】工具来完成。选择【建筑】选项卡 ➤【构建】➤【构件】下拉面板 ➤【放置】构件，进入【修改 | 放置构件】选项卡，厨卫设备的摆放位置可由读者自行决定。本案例已载入所需的族元件，包括马桶、洗手台、浴缸、淋浴间元件、厨房设备等，建立完成后如图 5.122 所示。

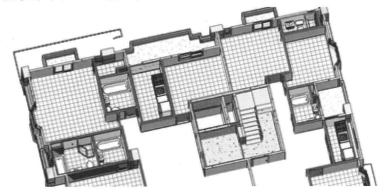

图 5.122　厨卫设备装修示意图

5.5.7　车道

绘制车道共分为 3 个步骤。首先，由于车道是一个不规则的弧形，所以在建立车道之前，需绘制出车道的轮廓以帮助建模；其次，绘制车道的梁、板；最后，绘制车道盖板与挡土墙。

1）绘制辅助轴线

绘制辅助轴线需使用【参照平面】工具，以找到弧形车道的圆心。具体步骤如下：

①参考建筑平面图得知车道宽度为 3 500 mm。如图 5.123 所示，以车库 A、B 为起点绘制两条平行的参照平面，其开间宽度为 3 500 mm。

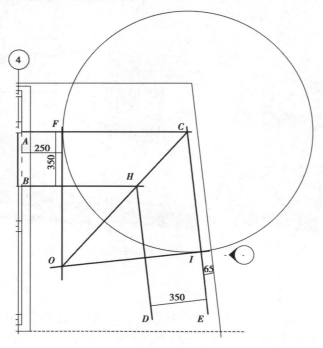

图 5.123　车道圆弧形圆心示意图

②由于车道底板需补上断面大小为 250 mm×500 mm 的梁，因此在距离地界线 650 mm 处绘制一条 CE 线段作为车道的边界线，并在距离 CE 线段 3 500 mm 处绘制车道的内边界线 HD。

③根据建筑平面图，向车库外延伸 2 500 mm 作为与圆弧车道的交界，因此在距离 AB 线段 2 500 mm 处绘制直线并与 AC 相交于 F。

④以 C 为圆心，CF 为半径画圆，并以 I 为切点画切线，FO 与 IO 两条切线的交点 O 就是圆弧形车道的圆心。

2)建立车道楼板

根据结构平面图，车道可分为 3 段：东西向段车道、圆弧段车道、南北向段车道，可选用 25 cm 的结构楼板来建立，选择【建筑】选项卡 ➤【构建】➤【楼板】下拉面板 ➤【楼板:结构】构件，进入【修改丨放置构件】选项卡。由于弧形车道的圆心 O 已经确定，可直接使用【中心.端点弧】方式来绘制圆弧边界曲线。

之后需调整楼板的高程值。东西向段车道高程最低处为 0 mm，东西向段车道与圆弧车道交界处高程值为 443.3 mm，圆弧段车道和南北向段车道交界处高程值为 2 154.5 mm，南北向段车道高程最高处为 2 950 mm。绘制完成后如图 5.124 所示。

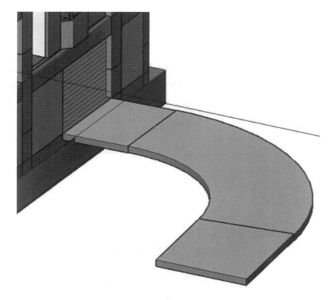

图 5.124　建立车道楼板

3）建立车道梁

车道梁的尺寸为 250 mm×50 mm，由于车道梁为高程随位置变化且非线形的结构框架元件，本案例中已载入相应族可直接导入。绘图完成后如图 5.125 所示。

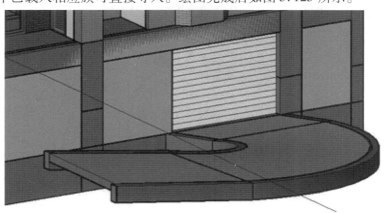

图 5.125　建立车道梁

4）建立车道挡土墙

车道挡土墙可选用为 200 mm 厚的 RC 建筑墙进行建模，以下说明详细步骤：

①选择【建筑】选项卡 ➤ 【构建】 ➤ 【墙】下拉面板 ➤ 【墙：建筑】构件，进入【修改 ｜放置 墙】选项卡。设置底部约束为 B1，顶部约束为 GL，沿梁内边沿绘制。为使挡土墙附着至车道底板，可将车道梁向外延伸 250 mm。

②挡土墙建立完成后，需使用【附着顶部/底部】将墙底部贴合至底板。选择中墙，在【修改 ｜墙】选项卡中使用【附着顶部/底部】工具，如图 5.126 所示。选择"附着墙 底部"，之后选中要附着的楼板，挡土墙完成图如图 5.127 所示。

图 5.126　附着顶部/底部

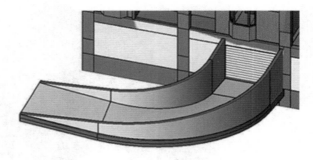

图 5.127　挡土墙完成图

5) 建立车道盖板与女儿墙

车道盖板可用 250 mm 厚的结构楼板来建立。女儿墙则用 100 mm 厚的建筑墙来建立，可设置顶部约束和底部约束分别均为 GL、顶部偏移为 1 000 mm。绘制完成后如图 5.128 所示。

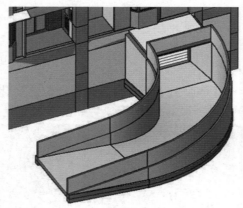

图 5.128　盖板与女儿墙完成图

第6章

| Daylight and Energy Analysis Case

日光与能量分析案例

6.1 简 介

BIM 技术最重要的意义在于它重新整合了建筑设计的流程,而其所涉及的建设项目全生命周期管理,又恰好是绿色建筑设计的关注和影响对象。绿色建筑与 BIM 技术相结合带来的效果是真实的 BIM 数据和丰富的构件信息,会给予各种绿色建筑分析软件以强大的数据支持,确保分析结果的准确性。

建筑设计师可以利用 BIM 模型在建筑设计早期阶段进行模拟分析,并能根据分析结果调整设计,避免了建筑设计因达不到节能要求而需要修改前期设计进而造成浪费。

BIM 和绿色建筑分析软件进行数据交换的主要格式是 gbXML,gbXML 已经成为行业内认可度最高的数据格式。使用 Graphisoft 的 ArchiCAD,Bently 公司的 Bently Architecture,以及 Autodesk 的 Revit 系列产品,均可将其 BIM 模型导出为 gbXML 文件,这为接下来在分析模拟软件中进行的计算提供了非常便利的途径。

下文将介绍 Revit 自带的绿色建筑分析工具,主要为日光分析与整体建筑能量分析。

6.2 日光分析

利用 Revit 自带的日光分析插件可以查看并量化所有日期和时间的太阳分布,并直接将结果显示在模型上。下面介绍日光分析的主要步骤。

6.2.1 创建项目(打开项目)

打开 Revit(图 6.1),打开案例项目并切换到三维视图(图 6.2)。

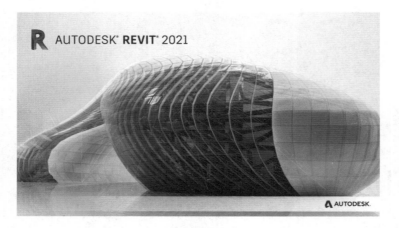

图 6.1　Revit 开启界面

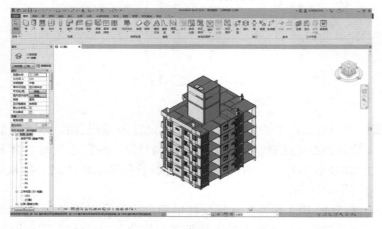

图 6.2　Revit 三维视图界面

6.2.2　指定地理位置和项目方向

假设本项目的地理位置在重庆市沙坪坝区,建筑朝向为北偏东 20°,则可以通过以下步骤设置项目的地理位置和项目方向。

（1）设置地理位置

单击【管理】选项卡中【项目位置】面板的 【地点】,打开【位置、气候和场地】对话框,单击【位置】选项卡,可以通过以下两种方法指定项目位置:

①默认城市列表。当定义位置依据为默认城市列表时,下拉【城市】菜单,可选择项目所在城市,此时【经度】【纬度】也会自动修改;或直接输入项目所在地的经纬度,也可定义位置。

②Internet 映射服务。在【项目地址】中,输入街道地址、省和市或者项目的经纬度,然后单击【搜索】,搜索结果将会显示出来;或者按【<经度>,<纬度>】格式输入经纬度坐标。（若项目位于采用夏令时的区域,并且希望相应地调整阴影,可以选择【使用夏令时】）。

假定项目地址为重庆市,如图 6.3 所示。

图6.3 项目位置设定

（2）设置项目方向

在确定地理位置之后，通过旋转视图，以反映正北。将视图旋转到【正北】方向可以确保自然光照射在建筑模型的正确位置，并确保正确地模拟太阳在天空中的路径。

打开【位置、气候和场地】对话框，切换至【场地】选项卡，可以发现默认项目北与正北方向一致，如图6.4所示。

图6.4 项目北与正北方向初始角度

切换至【site】楼层平面视图，当前视图的默认显示方向是项目北，需要指定项目真实的朝向，把视图中【方向】改为【正北】，如图6.5所示，完成后单击【应用】按钮确认。

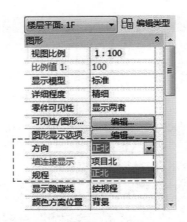

图6.5　项目北/正北切换

接着将项目旋转至正北:单击【管理】选项卡,打开【项目位置】面板下拉列表,选择【位置】,单击【旋转正北】。

在选项栏上,输入一个值作为【从项目到正北方向的角度】以设置旋转角度,如图6.6所示,或类似于使用【旋转】工具,在视图中单击以图形方式将模型旋转至正北。

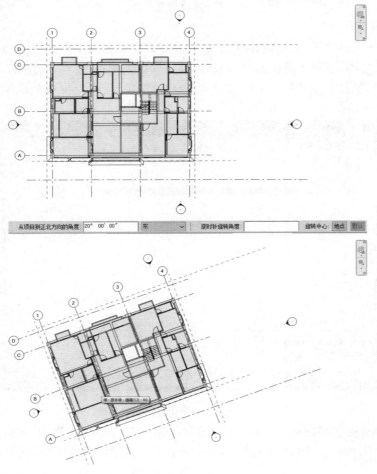

图6.6　模型旋转至正北

完成以上操作后,可重新打开【位置、气候和场地】中的【场地】对话框,可发现项目的地理朝向已经发生变化,如图6.7所示。

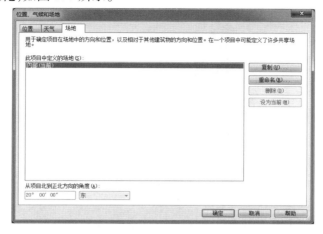

图6.7 旋转后项目北与正北方向角度

完成指定项目的地理位置后,重新把视图中【方向】改为【项目北】,以方便绘图操作。

6.2.3 打开日光路径和阴影

在项目浏览器中打开默认三维视图【3D】。

(1)打开日光路径

在视图控制栏上,单击 【关闭/打开日光路径】,选择【打开日光路径】。

由于【日光设置】默认显示为【<在任务中,照明>】,Revit将给出【日光路径 – 日光未显示】提示对话框,如图6.8所示,单击【改用指定的项目位置、日期和时间】选项,太阳轨迹将在视图中显示。

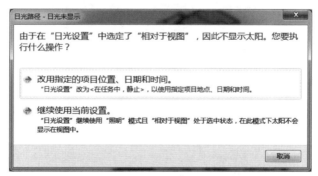

图6.8 日光路径-日光未显示提示对话框

打开日光路径后的三维视图如图6.9所示,图中黄色轨迹位置显示当天太阳各时刻的运动轨迹,并分别注明了当前日期、当前日期的日出与日落时间以及当前时刻的太阳位置。

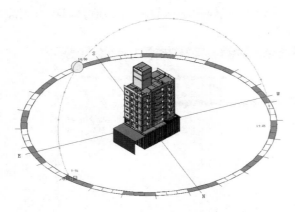

图6.9　太阳各时刻运动轨迹

（2）打开阴影

单击视图底部的 【视觉样式】,选择【图形显示选项】,打开如图6.10所示的对话框。在【图形显示选项】对话框的【阴影】下,选择【投射阴影】完成打开阴影的设置。

在【图形显示选项】对话框的【照明】下,选择【日光设置】为【＜在任务中,照明＞】,移动【日光】滑块或输入0到100之间的值,以修改直接光的亮度;同理,对于【环境光】,移动滑块或输入0到100之间的值,以修改环境光的亮度;在【阴影】下,移动【阴影】滑块或输入0到100之间的值,以修改阴影的暗度;单击【应用】从而完成调整日光、间接光或阴影的强度。

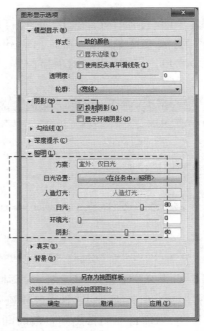

图6.10　图形显示选项

6.2.4　设定日光研究类型

单击底部视图控制栏,选择 ☼【日光路径】,在弹出列表中选择【日光设置】,用以指定日光研究、漫游和渲染图像的日光设置。

在【日光设置】对话框的【日光研究】中,选择一种模式:若要根据指定的地理位置定义日光设置,则选择【静止】、【一天】或【多天】;若要基于方位角和仰角定义日光设置,请选择【照明】。

（1）日光研究类型为【静止】

静止日光研究会生成单个图像,来显示项目位置在指定日期和时间的日光和阴影影响。

首先在【预设】中选择某一预定义的日光设置(如【春分/夏至/立秋/冬至】),或者选择【＜在任务中,静止＞】,然后在【设置】中指定日光位置,如图6.11所示。

图6.11　日光研究—静止

①在【地点】中,确认显示的项目位置正确。若要修改位置,则单击【浏览】,然后通过搜索街道地址或经纬度,或者从【默认城市列表】中选择最近的主要城市来指定项目位置。

②输入研究的日期作为【日期】值。

③输入研究的时间。

④在【＜在任务中,静止＞】中,可以选择□使用共享设置(U)【使用共享设置】来允许当前视图使用适用于整个项目范围的日光设置。选择【使用共享设置】时,日光位置基于适用整个项目范围的日光设置,而非视图专有的日光设置。因此,如果在使用该共享设置的某个视图中调整日光位置,则在使用该共享设置的所有其他视图中,日光位置也会随之更新。共享设置不作为预设存储,因此共享设置不像预设那样只能在【日光设置】对话框中修改,也可以在绘图区域中进行修改。

⑤要在地平面上投射阴影,请选择【地平面的标高】,然后选择要显示阴影的标高。选中【地平面的标高】时,软件会在二维和三维着色视图中指定的标高上投射阴影。清除【地平面的标高】时,软件会在地形表面(如果存在)上投射阴影。

⑥单击【应用】,可以在视图中测试日光设置。

⑦单击 保存设置(V)【保存设置】,可以将当前的设置保存在【预设】中,下次可以直接调用。

⑧完成设置后,单击【确定】,退出日光设置。

（2）日光研究类型为【一天】或【多天】

一天或多天日光研究会生成动画,来显示项目位置在指定时间段内阴影的移动情况。

在【预设】下,选择某一预定义的日光设置,然后单击【确定】,或者选择【＜在任务中,一

天 >】(图 6.12)、【<在任务中,多天 >】(图 6.13),然后完成以下步骤以定义日光设置。

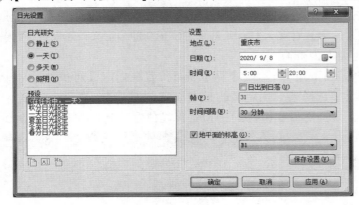

图 6.12　日光研究——天

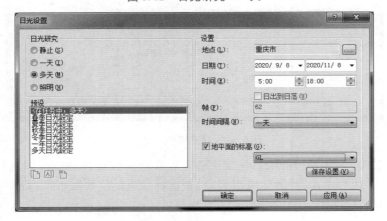

图 6.13　日光研究—多天

在【设置】下,指定日光位置:

①在【地点】中,确认显示的项目位置正确。若要修改位置,则单击【浏览】,然后通过搜索街道地址或经纬度,或者从【默认城市列表】中选择最近的主要城市,来指定项目位置。

②输入研究的日期作为【日期】值。

③输入研究的开始时间和结束时间,或者选择【日出到日落】。

④指定动画中各图像之间的间隔时间作为【时间间隔】。在选择时间间隔时,【帧】显示日光研究动画所包含的单独图像的数量。

⑤要在地平面上投射阴影,请选择【地平面的标高】,然后选择要显示阴影的标高。选中【地平面的标高】时,软件会在二维和三维着色视图中指定的标高上投射阴影。清除【地平面的标高】时,软件会在地形表面(如果存在)上投射阴影。

⑥单击【应用】,可以在视图中测试日光设置。

⑦单击 保存设置(Y) 【保存设置】,可以将当前的设置保存在【预设】中,下次可以直接调用。

⑧完成设置后,单击【确定】退出日光设置。

(3)日光研究类型为【照明】

照明日光研究会生成单个图像,来显示活动视图中日光位置投射的阴影。可以在【日光设置】对话框中指定日光位置,指定时可选择预设(如【来自右上角的日光】)或输入【方位角】和【仰角】的值。通过【照明】模式,可以创建现实世界中可能并不存在的照明条件,从而使照明研究最适合制作演示图形,如渲染的图像。

注:【照明】模式不像其他日光研究模式那样允许使用日光路径的屏幕控制柄来调整日光位置,而是需要使用【日光设置】对话框来调整日光位置。

首先在【预设】下,选择某一预定义的日光设置,清除【相对于视图】(如果要显示日光),然后单击【确定】。或者选择【< 在任务中,照明 >】(图 6.14),然后在【设置】下指定日光位置:

①输入【方位角】和【高度】值。

【方位角】是相对于正北的方位角角度[单位为(°)]。方位角角度的范围从 0°(北)到 90°(东)、180°(南)、270°(西)直至 360°(回到北)。

【仰角】是指相对地平线测量的地平线与太阳之间的垂直角度[单位为(°)]。仰角角度的范围从 0°(地平线)到 90°(顶点)。

②要根据相对于视图的方向来确定日光方向,请选中【相对于视图】。或者要根据相对于模型的方向来确定日光方向,请清除【相对于视图】。

注:【相对于视图】处于选中状态时,日光路径不显示。

③要在地平面上投射阴影,请选择【地平面的标高】,然后选择要显示阴影的标高。

④单击【应用】,可以在视图中测试日光设置。

⑤单击【保存设置】,可以将当前的设置保存在【预设】中,下次可以直接调用。

⑥完成设置后,单击【确定】退出日光设置。

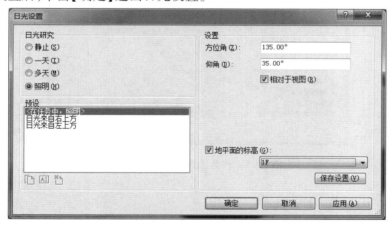

图 6.14　日光研究—照明

6.2.5　预览日光研究动画

创建日光研究动画之后,可以使用选项栏上的控制按钮预览特定帧或完整的动画。

①项目浏览器中打开【3D】视图。

②在视图控制栏上单击 ◙【打开阴影】,然后单击 ☼【打开日光路径】,再选择【日光研究预览】。

③在选项栏上单击 ▶【播放】可以从头到尾播放动画。按 Esc 键或者在状态栏上单击【取消】停止动画播放。

④要控制动画,使用选项栏上的以下按钮:

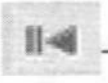—向后移动 10 帧

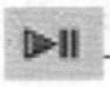—向前移动 10 帧

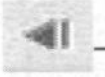—显示上一帧

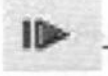—显示下一帧

对【帧】输入帧编号以显示特定动画帧。

6.2.6　保存日光研究图像

①在项目浏览器中,双击日光研究的视图。

②在绘图区域中,调整视图为要保存的状态。

③在项目浏览器中的当前视图上单击鼠标右键,然后单击【作为图像保存到项目中】。

④在【作为图像保存到项目中】对话框中,输入图像的唯一名称作为【为视图命名】的值。根据需要修改图像设置,如图 6.15 所示,然后单击【确定】完成保存。

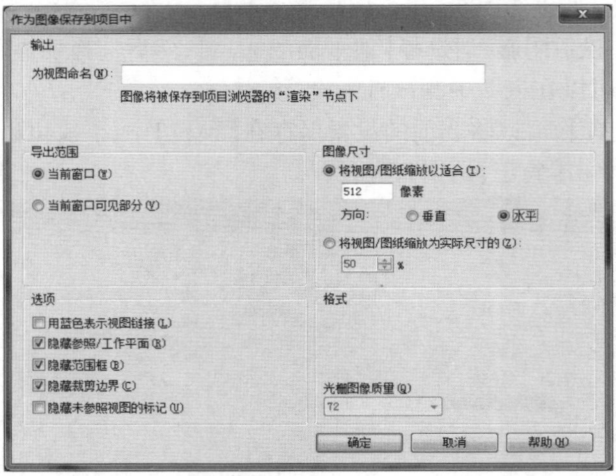

图 6.15　作为图像保存到项目中

6.2.7　导出日光研究结果

可以将日光研究导出为多种文件格式以与其他人共享。导出文件类型包括 AVI、JPEG、TIFF、TGA、BMP 和 PNG。AVI 文件是独立的视频文件,其余所有其他导出文件类型都是单帧格式。

①单击【文件】中的【导出】,【图像和动画】下的【日光研究】,如图 6.16 所示。

②在【长度/格式】对话框中(图 6.17),在【输出长度】下选择【全部帧】以导出整个动画,或选择【帧范围】,并指定该范围的开始帧和结束帧。如果要导出为 AVI 文件,请输入【帧/秒】数。Revit 根据指定的间隔计算输出长度,并将其显示在【总时间】下。

③在【格式】下可以选择下列一个选项作为【视觉样式】。

a. 隐藏线:显示图像时,除被表面遮盖住的边和线外,所有其他边和线都绘制出来;

b. 着色:显示图像时,所有表面根据其材质设置和投影灯光位置进行着色。

c. 真实：在实时渲染视图（可编辑视图中的照片级真实感渲染）中显示图像；

d. 渲染：使用定义的渲染设置为日光研究中的每个帧创建照片级真实感图像。

输入尺寸标注（以像素为单位），或输入缩放百分比，以指定帧在导出文件中的大小。如果输入一个尺寸标注的值，Revit 会计算并显示另一个尺寸标注的值以保持帧的比例不变，并且会显示出相应的缩放百分比。同样，如果修改了缩放百分比，软件会计算并显示相应的尺寸标注。

④单击【确定】，保存到目标文件夹，完成导出日光研究结果。

图 6.16 导出日光研究结果

图 6.17 长度／格式

6.3 能源分析

以上述案例为例,通过 Revit 进行初步设计阶段的能源分析工作。参考 Energy Optimization for Revit 的工作流程执行能量分析。

6.3.1 创建能量模型

本案例设定为初步设计阶段的能量分析,采用概念体量进行建模。

①打开 Revit,选择【新建概念体量】,选择【公制体量】作为族样板文件,进入创建概念体量模式,默认进入三维视图,如图6.18所示。

图6.18 概念体量三维视图界面

②单击【创建】选项卡,选择【基准】中的【标高】,勾选【创建平面视图】选项,在三维视图中移动鼠标并输入相应的尺寸完成放置标高。在此项目中,根据首层层高3.15 m,2—6层层高为3 m进行标高设置,完成后如图6.19所示。

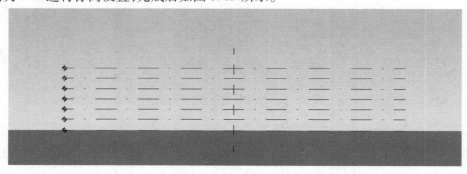

图6.19 标高设置

③单击【创建】选项卡,在【工作平面】中单击【显示】将通过蓝色显示当前激活的工作平面,如图6.20所示。

④双击【标高1】楼层平面视图,在【插入】选项卡中选择【导入 CAD】,选择项目相应图纸进行导入。

图 6.20　激活工作平面

⑤单击【修改】选项卡,选择【绘制】中的 /【线】,根据建筑轮廓进行绘制。绘制完成后点选整个轮廓,并复制粘贴在标高 7 视图中,如图 6.21 所示。

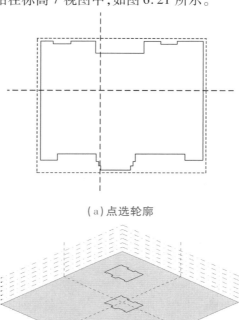

（a）点选轮廓

（b）复制轮廓

图 6.21　点选与复制轮廓

⑥在三维视图中按住"Ctrl"键分别选择两个标高的轮廓,在【形状】面板的【创建形状】下拉列表中选择【实心形状】选项。Revit 将根据轮廓位置自动创建三维概念体量模型,如图 6.22 所示。

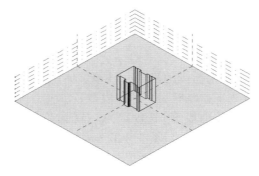

图 6.22　创建三维概念体量模型

⑦打开已经创建标高的项目文件,将概念体量模型在【创建】选项卡的【族编辑器】面板中选择【载入到项目】,打开项目文件,切换至 F1 楼层平面视图,在【体量和场地】选项卡的【概念体量】面板选择【放置体量】,确认【放置】面板中体量放置方式为【放置在工作平面上】,不勾选选项栏【放置后旋转】,确认放置平面为【标高:F1】。在视图中空白位置单击放置体量,放置结果如图 6.23 所示。

⑧选中体量模型,自动切换至【修改、体量】选项卡。单击【模型】面板中【体量楼层】,弹出如图 6.24 所示的【体量楼层】对话框,在列表中显示当前所有可用标高名称,勾选 F1—F6 标高,单击【确定】,退出【体量楼层】对话框。Revit 将按体量轮廓在 F1—F6 创建体量楼板边界,如图 6.25 所示。切换至【体量楼层明细表】视图,如图 6.26 所示,在该明细表中列出了各标高的楼层面积及外墙表面积的值。

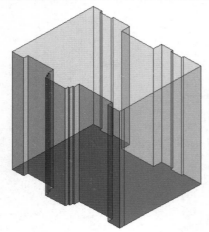

图 6.23　放置体量

图 6.24　体量楼层

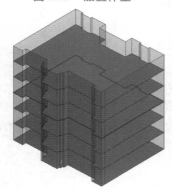

图 6.25　创建体量楼板边界

〈体量楼层明细表〉		
A	**B**	**C**
标高	楼层面积	外表面积
F1	244.96 ㎡	233.42 ㎡
F2	244.96 ㎡	222.30 ㎡
F3	244.96 ㎡	222.30 ㎡
F4	244.96 ㎡	222.30 ㎡
F5	244.96 ㎡	222.30 ㎡
F6	244.96 ㎡	467.26 ㎡
总计: 6	1469.75 ㎡	1589.87 ㎡

图 6.26　体量楼层明细表

⑨在三维视图中。单击【体量与场地】选项卡【概念体量】面板中的【显示体量形状和楼层】工具,如图 6.27 所示,在视图中临时启用体量模型显示。

⑩单击【体量与场地】中的【面模型】选项卡,选择【楼板】工具,进入【修改|放置面楼板】状态。设置当前楼板类型为【楼板:混凝土 120 mm】;设置选项栏【偏移】值为"0.0",选择【选择多个】工具。依次单击选择各体量楼层轮廓,完成后单击【多重选择】中的【创建楼板】,即可按各体量楼层边界作为楼板边界生成楼板。拾取生成的面楼板顶面标高与各体量楼层所在标高相同。

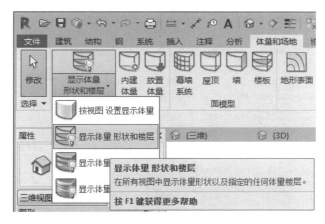

图 6.27　显示体量形状和楼层

⑪选择【面模板】中【墙】工具,可切换至【放置墙】状态。设置墙类型为【基本墙:砖墙240 mm-外墙-带饰面】,确认墙绘制方式为 ▣【拾取面】;设置选项栏中墙基准【标高】为【F1】,墙【高度】为【自动】,【定位线】为【面层面:外部】。依次单击体量模型垂直方向外表面生成墙,如图 6.28 所示,完成后按"Esc"键退出。

⑫在【面模型】中通过同样的方式创建【幕墙系统】和【屋顶】,完成后如图 6.29 所示,能量模型创建完毕。

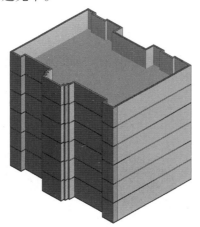

图 6.28　绘制楼板/墙体

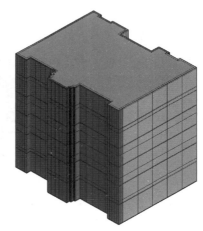

图 6.29　完成能量模型创建

6.3.2　指定项目位置

执行建筑模型能量优化之前,需要指定项目地理位置并选择附近的气象站。

①在【分析】选项卡中选择【能量分析】面板,单击 🌐【地点】用以指定项目的具体位置。

②在弹出的【位置、气候和场地】选项卡中,输入项目地址进行搜索完成位置设置,选择距离项目地址最近的气象站以完成天气设置,单击【确定】完成,如图 6.30 所示。

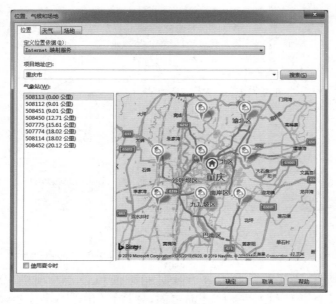

图6.30　气象站设置

6.3.3　生成能量分析模型

①单击【分析】选项卡中【能量分析】下的【能量设置】,如图6.31所示,可根据建筑物具体情况修改能量设置。

②完成能量设置后,单击 【创建能量模型】完成创建能量模型,如图6.32所示。

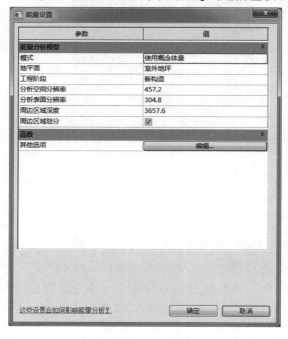

图6.31　能量设置

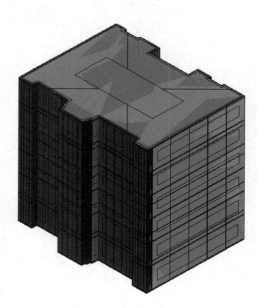

图6.32　创建能量模型

③在【能量分析】面板中单击 【生成】,默认浏览器便会弹出分析界面,分析所需时间

从几分钟到一小时或更长时间不等,具体取决于模型的大小和复杂性。分析完成后,结果将在 Autodesk Insight 中展示,界面如图 6.33 所示。

图 6.33　Autodesk Insight 的模型分析结果

Insight 面板列出了与能源效率相关的建筑的不同方面,选择建筑的一个方面,单击 【翻转】可查看设计变更如何影响总体能源效率。

单击查看西墙的窗墙比(图 6.34),翻转后如图 6.35 所示,图中 表示当前模型西墙的窗墙比率,图中 表示其他可能条件,如果翻转西侧的窗玻璃(图 6.36)和东侧的窗遮阳卡片(图 6.37),则可以发现其曲线平缓。相较而言,改变西墙的窗墙比对整体能源效率的影响更大。

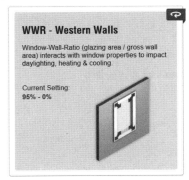

图 6.34　西墙窗墙比

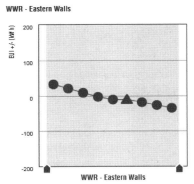

图 6.35　翻转后西墙窗墙比分析

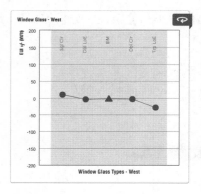

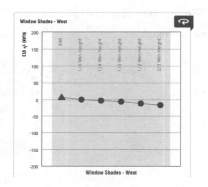

图 6.36　翻转后西侧窗玻璃分析　　　　　图 6.37　翻转后东侧窗遮阳分析

　　单击图表对设计进行假设性更改,可查看更改如何影响能源效率,如图 6.38 所示。

　　移动箭头可以设置更改窗墙比的值,可直接查看能量消耗的实时变化(图 6.39),能源指示盘上的标记显示能源效率的目标位置。通过更改设计的多个方面的设置,可以得出建筑最节能的设计方案。在 Insight 面板中使用能量模型并进行测试和更改,可以在设计阶段最大限度地提高总体能源效率,减少消耗,实现绿色可持续的目的。

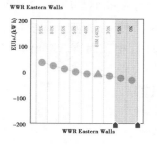

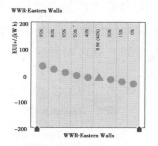

图 6.38　西墙窗墙比对能源　　　　　　　图 6.39　能量成本变化
　　　　　效率的影响

第7章

| Construction Quantity Takeoff Case

工程量估算案例

7.1 工程量计算简介

工程量是指以自然计量单位或物理计量单位表示的各分项工程或结构构件的工程数量。在建筑物的全生命周期中,从投资决策、规划设计、施工直到拆除,工程量计算都是很重要的一部分。根据项目划分,工程量计算可以分为工程定额和工程量清单两种方式。若要在设计阶段进行概算或预算,则一般采用工程定额的方式;若要进行建设工程承发包以及实施阶段的计价活动,包括工程量清单、招标控制价、投标报价的编制、工程合同价款的约定、工程施工过程中计量与合同价款的支付、索赔与现场签证、竣工结算和合同价款争议的解决与工程造价鉴定活动,以及使用国有资金投资的项目,则需要采用工程量清单的方式。

传统的工程量计算方式主要有手工识图计算、Excel 表格计算、三维算量软件计算。但基于二维图纸进行手工算量,不仅会浪费造价人员的大量时间与精力,且容易出现人为错误;而利用软件计算工程量尽管在工程量计算的精度与速度上有了巨大进步,但建模仍需耗费造价人员大量的工作时间,且模型精度有限,在计算的准确度和完整度方面仍有很大的提升空间。

建筑信息模型(BIM)的出现大大提升了工程量计算的效率和精度,结合正向设计,无须再次建模,不仅能减少错误,还可以节省时间,使工程量的计算更加准确与完整。目前,基于BIM 模型进行工程量计算主要有以下几种方式:①利用 BIM 软件(如 Revit)直接计算工程量并导出至 Excel,再由造价人员手工统计、汇总;②利用 BIM 软件(如斯维尔三维算量 for Re-vit)的 API 接口直接读取 BIM 设计模型的数据信息,依据现行清单定额规定的计算规则,完成工程量的计算与统计工作;③利用 BIM 设计软件直接导出其他算量软件(如广联达 GFC等)可读取的数据格式,由其完成工程量计算工作。下面将针对前两种计算方式进行简要说明。

7.2 基于 Revit 明细表计算工程量

该种方式通过将 Revit 中构件的明细表导出到 Excel 进行信息提取和工程量计算,基于 Microsoft Excel 的计价是现在使用最多也是最简单的一种计价方法。完成模型建立后,Revit 可以自动生成工程量清单明细表,然后以 txt 格式导出并在 Excel 中打开,中间不需要借助其他软件就可以在 Excel 中对明细表进行汇总和整理,进而进行成本计算。

在 Revit 中打开已建好的标准层模型,在【视图】选项卡的【创建】面板中选择【明细表】,在下拉列表中选择【明细表/数量】,弹出【新建明细表】选项卡(图 7.1),在【过滤器列表】中勾选要显示的类别,具体类别则展示在下方。以【结构柱】为例,单击【确定】弹出【明细表属性】面板(图 7.2),在【可用的字段中】选择要显示的明细表字段,单击 即可添加至字段列表,完成后单击【确定】即可生成如图 7.3 所示的结构柱明细表。

图 7.1　新建明细表

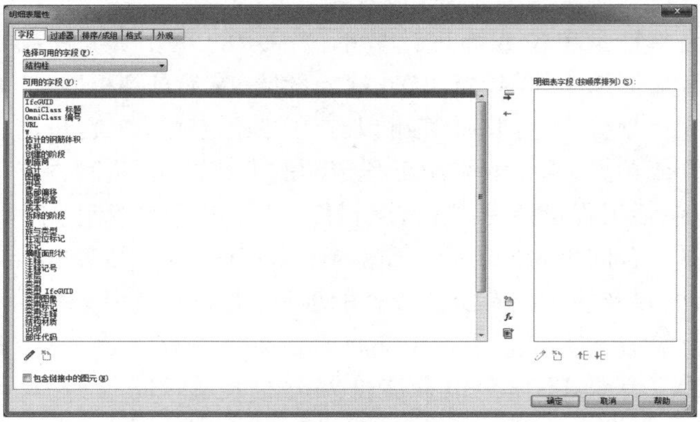

图 7.2　明细表属性

<结构柱明细表>			
A	**B**	**C**	**D**
族与类型	数量	底部标高	体积
混凝土柱-矩形: 40x70	1	3F	0.84 m³
混凝土柱-矩形: 40x70	1	3F	0.84 m³
混凝土柱-矩形: 40x70	1	3F	0.84 m³
混凝土柱-矩形: 40x70	1	3F	0.84 m³
混凝土柱-矩形: 40x70	1	3F	0.84 m³
混凝土柱-矩形: 40x70	1	3F	0.84 m³
混凝土柱-矩形: 40x70	1	3F	0.84 m³
混凝土柱-矩形: 40x70	1	3F	0.84 m³
混凝土柱-矩形: 40x70	1	3F	0.84 m³
混凝土柱-矩形: 75x40	1	3F	0.90 m³
混凝土柱-矩形: 75x40	1	3F	0.90 m³
混凝土柱-矩形: 40x70	1	3F	0.84 m³

图 7.3　结构柱明细表

在明细表的【属性】面板中,单击【其他】中的【排序/成组】,选择【编辑】(图7.4),可以对明细表进行整理。在【排序方式】的下拉列表中选择【字段】进行升序或降序的排列,勾选【逐项列举每个实例】和【总计】,并在下拉列表中选择【族与类型】,单击【确定】完成设置后如图7.5所示。

图7.4 排序/成组编辑   图7.5 整理后的结构柱明细表

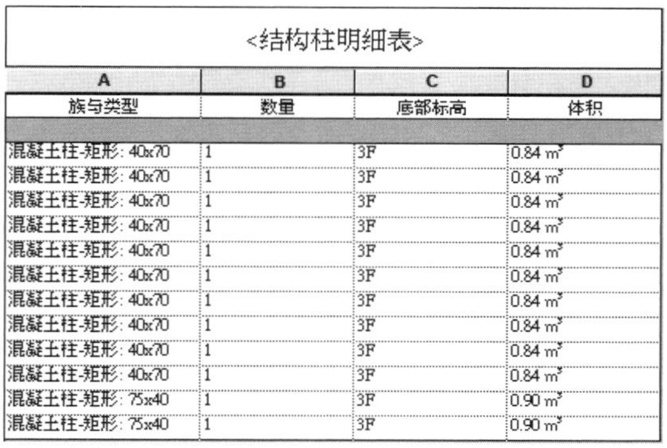

在Revit明细表视图下,单击【文件】,选择【导出】➤【报告】➤【明细表】,如图7.6所示。选择保存位置,默认导出设置,单击【确定】完成。在Excel中打开该txt类型文件,弹出【文本导入向导】对话框,不做任何修改,单击【下一步】、【完成】打开文件,如图7.7所示,再由造价人员进行统计、汇总、组价,完成后续工作。

图7.6 明细表导出

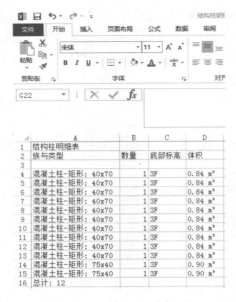

图 7.7　Excel 中打开明细表

从以上操作可以看出,基于 BIM 算量的优势是很明显的:不需要借助其他工具和软件,也不需要考虑软件的兼容性问题,操作简单易行且易于学习掌握,导出的数据即时可用等。但是这种算量模式也有无法避免的缺点,首先是各构件的扣减优先级与现行规范中规定的扣减顺序差异较大,体量计算与造价行业的计算规则不符,这将直接影响工程量的准确度。此外,在没有经过详细设置的情况下,尤其是对于大型或复杂工程,Revit 导出的明细表是杂乱且无序的,需要在 Excel 中进行大量的汇总和整理工作;在 Revit 中不能计算的工程量(如土石方)仍然需要另外计算;最后,该方法无法自动化和智能化地完成组价计价工作,需要建立项目编码,后期计价工作仍然依赖人工计算或其他计价软件,导致 BIM 协同工作的优势没有完全发挥,建模、算量、计价及后续的成本控制工作仍然是分离的。

7.3　基于二次开发 API 接口提取工程量

该方式是第三方软件以 BIM 软件为平台,利用其提供的应用软件编程接口,直接读取 BIM 模型中的数据信息,再依据现行清单定额规定的计算规则,完成工程量的计算与统计工作。如斯维尔三维算量 for Revit、新点比目云 5D 算量、isBIM 以及探索者、恩为、isBIM 推出的基于 Revit 平台的钢筋算量软件等。

以斯维尔三维算量 2020 for Revit(图 7.8、图 7.9)为例,通过工程设置、模型转化、套用做法、分析计算 4 个步骤即可输出工程量报表,如图 7.10—图 7.14 所示,这极大提升了算量效率。此外,第三方软件不仅可以通过 API 获取 BIM 模型信息,而且还能对 BIM 模型信息进行逆向修改,很大程度上解决了算量和造价信息对原始模型过度依赖的问题,发挥了 BIM 最核心的优势,即模型变化时工程量信息和成本信息同步变化,对动态成本管理过程中设计变更、工期变化等带来的问题提供了更加高效的解决方案。当然,这种模式也存在不足之处,例如对于第三方软件的开发要求较高,且对于 BIM 技术使用者存在软件购买费用、软件易用性、兼容性等问题。

图 7.8　斯维尔三维算量 for Revit 打开界面

图 7.9　Revit 中斯维尔插件界面

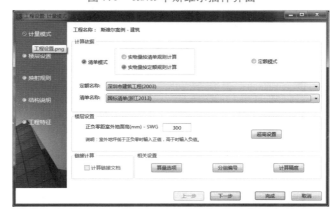

图 7.10　工程设置

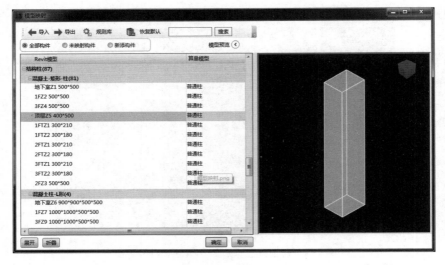

图 7.11　模型映射

图 7.12　套用做法

图 7.13　汇总计算

图 7.14 打印报表

第8章

| Construction Project Schedule Management Case

工程项目进度管理案例

8.1 项目进度管理简介

工程项目进度管理是指项目管理者为了使项目达到目标工期的要求而编制计划并执行实施。在计划实施过程中要随时检查计划的实际进展,对于检查中发现的进度偏差要尽快分析原因,制订相应的措施,通过修改进度计划和施行补偿措施两种手段来不断缩小进度偏差,使之始终保持在允许范围内直至工程竣工结束。通过对影响进度的风险进行预估并制订预案措施,协调各方关系,运用一切可行力量保证项目进度在合理范围内,使项目在规定的时间内顺利竣工,在综合考虑费用和质量目标的同时尽量缩短建设工期。项目进度管理主要包括项目进度计划的制订和项目进度计划的控制。甘特图(又称横道图)与网络计划图是用来进行进度管理的传统技术。

在以甘特图和网络技术图为代表的项目进度管理过程中,均与设计过程发生分离,且无法体现构件在空间中的建造关系,这使得任何设计变更都需要大量的协调工作,耗费许多人力成本。此外,传统的施工进度管理技术缺乏可视化,使得项目管理人员需要经常处理繁杂的进度计划资料。鉴于 BIM 技术应用的迅速发展,在 3D 模型空间上增加时间维度,形成 4D 模型,可以用于项目进度管理。

四维建筑信息模型的建立是 BIM 技术在进度管理中核心功能发挥的关键。施工模拟技术是按照施工计划对项目施工全过程进行计算机模拟,在模拟的过程中会暴露很多问题,如结构设计、安全措施、场地布局等各种不合理问题,这些问题都会影响实际工程进度,甚至造成大规模窝工。早发现早解决,并在模型中做相应的修改,可以达到缩短工期的目的。建立建筑工程 4D 信息模型,首先需要创建 3D 建筑模型,然后再建立建筑施工过程模型,最后将建筑模型与过程模型进行关联。

8.2　4D 进度模拟平台简介

8.2.1　软件简介

由于本书使用 Revit 模型,但 Revit 本身并没有 4D 模拟的功能,因此需要另外安装 4D 模拟软件。为最大化提高在软件交互过程中模型的完整度,选择使用与 Revit 同属 Autodesk 公司的 Navisworks 软件进行进度模拟,Navisworks Manage 可以直接打开 Revit 模型转换后的 NWC 格式文件,在整合上也较为理想。

8.2.2　软件安装

打开 Autodesk 官网,使用已注册的教育账号进行登录,在产品列表中搜索 Navisworks 并进入下载界面(图 8.1),选择相应的版本、操作系统以及语言,单击【立即安装】即可开始下载安装包,之后单击【安装】即可完成软件的安装,完成后即可打开软件,如图 8.2、图 8.3 所示。

图 8.1　Navisworks 下载界面

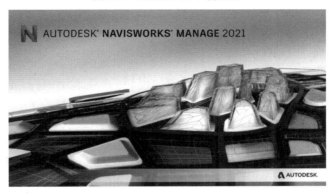

图 8.2　Navisworks 打开界面

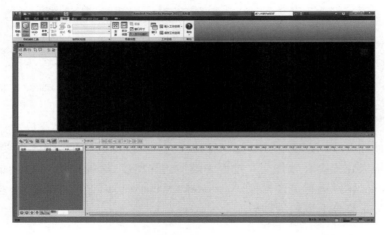

图 8.3　Navisworks 工作界面

8.2.3　Navisworks 文件格式

（1）NWD 文件格式

NWD 文件包含所有模型几何图形以及 Navisworks 特定的数据,如审阅标记等,可以将 NWD 文件看作模型当前的快照。该格式的文件非常小,因为 NWD 文件将 CAD 数据最大压缩为原始大小的 80%。

（2）NWF 文件格式

NWF 文件包含指向原始原生文件以及 Navisworks 特定的数据的链接。此格式的文件不会保存任何模型几何的图形,这使得 NWF 文件比 NWD 文件要小很多。

（3）NWC 文件格式

NWC 文件是缓存文件,在默认情况下,当使用 CAD、Revit 或其他模型信息导出至 Navisworks 的只读文件格式,不作为 Navisworks 存档使用的格式,当 Navisworks 打开 NWC 文件后,任何变更都无法再保存 NWC 格式,只能另存为 NWD 或 NWF 文件。

8.3　施工进度模拟

8.3.1　定义施工任务

①在 Revit 中打开三楼标准层模型,在【附加模块】选项卡中的【外部工具】面板的下拉列表中选择 Navisworks2021,如图 8.4 所示,将模型导出至文件夹。

图 8.4　Revit 导出模型

②将上述保存的文件在 Navisworks 中打开,并将模型另存为相同文件名称的 NWF 格式,以方便后续使用。

③在 Navisworks【查看】选项卡的【工作空间】面板中,单击 🗔【窗口】,勾选【选择树】、【集合】选项,以显示该面板,如图 8.5 所示。

图 8.5　打开工作空间

④在【选择树】面板中将分类设置为【标准】,选中【结构框架】,如图 8.6 所示,在【常用】选项卡的【选择和搜索】面板中单击【保存选择】,在集合面板中命名为"1 梁"。同样地,将柱、梁、板等构件也进行选择集定义,每个选择集的内容将代表每个施工任务要完成的建造内容,完成后如图 8.7 所示。

⑤在【常用】选项卡的【工具】面板中单击【TimeLiner】,弹出【TimeLiner】工具窗口,如图 8.8 所示,切换至【任务】一栏,将列设置为【基本】选项,则可以发现 TimeLiner 左侧任务栏中各列名称中仅显示【计划开始】、【计划结束】等基本任务信息。

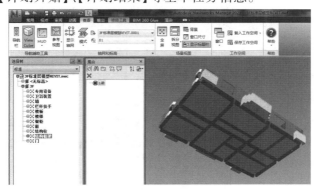

图 8.6　新建集合—梁

图 8.7　完成集合建立

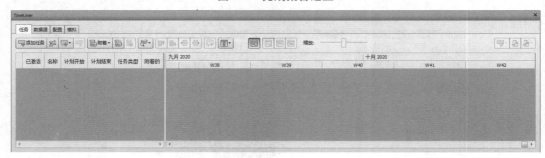

图 8.8　TimeLiner 面板

⑥通过单击 【添加任务】逐个添加任务以及任务信息,或者在任务面板的空白处单击鼠标右键,选择【自动添加任务】▶【针对每个集合】,进行添加所有集合定义的任务,完成后如图 8.9 所示。根据项目进度计划调整各任务的计划开始和计划结束时间,这里假定各工序持续时间均为 2 天,任务类型为【构造】,确保【附着的】集合为当前施工任务的选择集,完成后如图 8.10 所示。

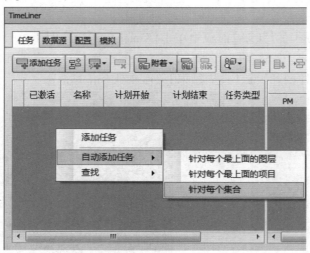

图 8.9　通过集合添加任务

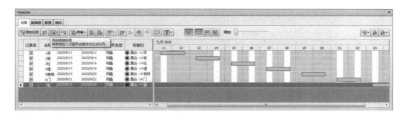

图 8.10　设置任务进度

⑦在【任务】面板中单击【显示或隐藏甘特图】可以实现甘特图的显示或隐藏,将【列】切换至【标准】状态,面板中出现【实际开始】和【实际结束】栏,如图 8.11 所示。将鼠标移至各任务时间的甘特图位置,可以查看该甘特图时间线对应的任务名称以及开始、结束时间。按住鼠标左键左右拖动时间条可动态修改当前任务的时间,同时可以修改任务栏中的计划开始和计划结束日期;将鼠标移动至任务结束时间位置可以拖动改变任务结束时间;将鼠标移动至任务开始时间位置,按住并拖动鼠标可修改当前任务的完成百分比。Navisworks 将使用暗灰色显示任务完成的百分比,用于记录任务的完成情况。

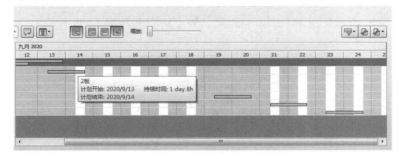

图 8.11　设置列

⑧单击打开工具栏中【列】的下拉列表,选择【选择列】选项,弹出【选择 Timeliner】对话框,勾选【数据提供进度百分比】单击【确定】退出,则在施工任务列表中出现【数据提供进度百分比】标题,该列将显示各任务的完成百分比数值,如图 8.12 所示。

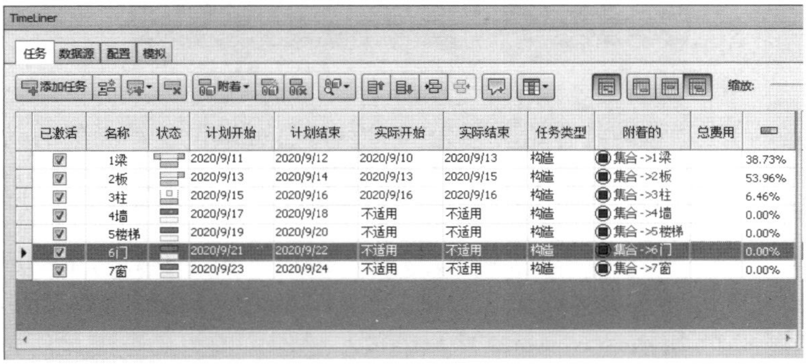

TimeLiner

已激活	名称	状态	计划开始	计划结束	实际开始	实际结束	任务类型	附着的	总费用	
✓	1梁		2020/9/11	2020/9/12	2020/9/10	2020/9/13	构造	●集合->1梁		38.73%
✓	2板		2020/9/13	2020/9/14	2020/9/13	2020/9/15	构造	●集合->2板		53.96%
✓	3柱		2020/9/15	2020/9/16	2020/9/16	2020/9/16	构造	●集合->3柱		6.46%
✓	4墙		2020/9/17	2020/9/18	不适用	不适用	构造	●集合->4墙		0.00%
✓	5楼梯		2020/9/19	2020/9/20	不适用	不适用	构造	●集合->5楼梯		0.00%
✓	6门		2020/9/21	2020/9/22	不适用	不适用	构造	●集合->6门		0.00%
✓	7窗		2020/9/23	2020/9/24	不适用	不适用	构造	●集合->7窗		0.00%

图 8.12　设置数据提供进度百分比

⑨假设将梁的实际开始时间和实际结束时间分别设定为 2020/9/11 和 2020/9/13,则可以发现梁的状态栏显示为,这表示相对于计划而言,早开始、晚完成,任务实际开始时间早于计划开始时间的以蓝色显示任务状态,实际结束时间晚于计划结束时间的以红色显

示任务状态,而处于计划日期内用绿色表示。

值得注意的是,修改【实际开始】和【实际结束】时间不会改变任务完成百分比的值。

⑩单击【列】的下拉菜单【选择列】,勾选【脚本】、【动画】、【动画行为】,完成后单击【确定】退出。

⑪设定场景动画,首先在【场景】▶【工具】选项面板中点击【Animator】,出现操作页面,如图8.13所示:

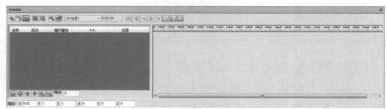

图8.13 Animator 操作界面

为集合添加动画,以"1梁"为例:

a. 在集合中选中"1梁",并双击复制其名称,在【Animator】中左下角点击 ⊕ 添加场景1,选中"场景1",右击鼠标选择【添加动画集】▶【从当前选择】,如图8.14所示,并粘贴命名为"1梁"。

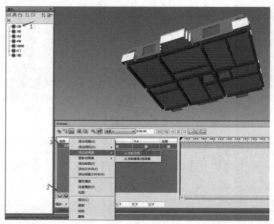

图8.14 添加动画集

b. 在【Animator】中确认动画开始时间为"0:00.00",可以设定动画集的动画方式为【平移动画集】、【旋转动画集】、【缩放动画集】、【更改动画集的颜色】以及【更改动画集的透明度】,在此以【缩放动画集】为例。选中"1梁"动画集,单击选择【缩放动画集】,模型上梁的位置出现 X、Y、Z 3个坐标轴,修改【Animator】底部缩放设置沿"X"轴方向值为"0.01",如图8.15所示,Navisworks将以缩放小控件位置为基点缩放所选择的梁构件,单击【捕捉关键帧】,将当前缩放状态设置为动画开始时的关键帧状态。

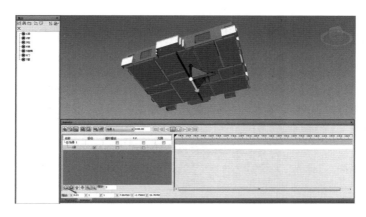

图 8.15　设定动画方式并捕捉关键帧

c. 在时间栏中输入梁构件动画时间“0:05.00”，或拖动时间线至5 s，在“缩放动画集”激活状态下，将底部“X”轴方向值设置为“1”，即梁构件尺寸恢复至原来大小。单击【捕捉关键帧】，将当前状态设置为动画结束时的关键帧状态。

d. 单击【停止】按钮，动画将回到开始位置，单击【播放】按钮，即可看到梁构件向两侧延展开来。在关键帧位置处右击鼠标选择【编辑】可对关键帧进行时间、位置、颜色等信息的更改，如图 8.16 所示。重复上述操作，新建场景并添加动画集，为集合的其他构件继续添加动画。

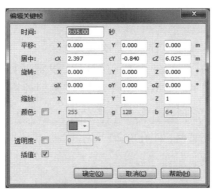

图 8.16　编辑关键帧

⑫设置各个任务的动画行为均为【缩放】，并在【动画】一列添加相应动画，如图 8.17 所示。

已激活	名称	状态	计划开始	计划结束	实际开始	实际结束	任务类型	附着的		动画	动画行为
☑	1梁		2020/9/11	2020/9/12	2020/9/10	2020/9/13	构造	集合->7窗	38.73%	1梁\1梁	缩放
☑	2板		2020/9/13	2020/9/14	2020/9/13	2020/9/15	构造	集合->2板	53.96%	2板\2板	缩放
☑	3柱		2020/9/15	2020/9/16	2020/9/16	2020/9/16	构造	集合->3柱	6.46%	3柱\3柱	匹配开始
☑	4墙		2020/9/17	2020/9/18	不适用	不适用	构造	集合->4墙	0.00%	4墙\4墙	匹配结束
☑	5楼梯		2020/9/19	2020/9/20	不适用	不适用	构造	集合->5楼梯	0.00%	5楼梯\5楼梯	缩放
☑	6门		2020/9/21	2020/9/22	不适用	不适用	构造	集合->6门	0.00%	6门\6门	缩放
☑	7窗		2020/9/23	2020/9/24	不适用	不适用	构造	集合->7窗	0.00%	7窗\7窗	缩放

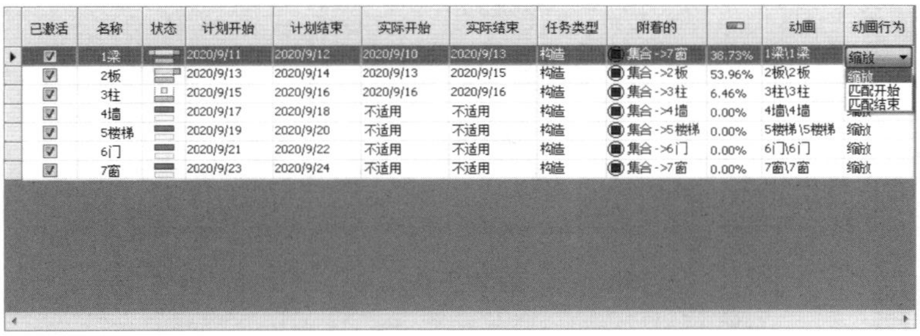

图 8.17　添加动画

8.3.2　施工任务类型设定及模拟动画导出

①切换至【Timeliner】的【配置】选项卡,通过【添加】或【删除】可以改变任务类型配置。单击右侧【外观定义】弹出【外观定义】对话框,如图8.18所示,在外观定义列表中显示了白色、灰色等10种场景默认外观样式,可分别修改各外观的名称、颜色及透明度等参数。设置默认模拟开始外观为【隐藏】,单击【确定】退出。

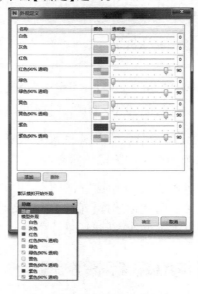

图8.18　外观定义

②单击【构造】任务类型的【开始外观】下拉列表,设定开始外观颜色为【绿色】,使用同样的方式分别设定【结束外观】和【模拟开始外观】为【模型外观】和【隐藏】,如图8.19所示。

③切换至【模拟】选项卡,单击 ▶ 【播放】在视图中预览显示施工进程模拟,可以发现任务开始时所对应的图元颜色为绿色,如图8.20所示。

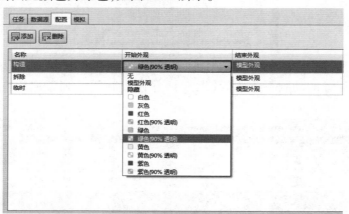

图8.19　设定任务类型外观

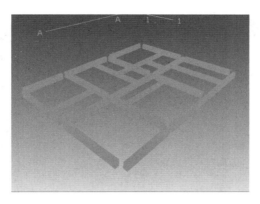

图 8.20　预览施工进程模拟动画

④在【模拟】选项卡中单击【设置】按钮(图 8.21),打开【模拟设置】对话框(图 8.22),可以设置模型模拟的【开始日期】和【结束日期】。【替代开始/结束日期选项】用于设置仅在模拟时模拟指定时间范围内的施工任务,模拟的【时间间隔大小】用来表示施工动画每一帧之间的步长间隔,可以按照整个动画的百分比以及时间间隔进行设置,【回放持续时间】选项用于定义播放完成当前场景中所有已定义的施工任务需要的动画时间总长度,在此设定为20 s。在【视图】中可以设置计划或实际的模拟显示方式。

图 8.21　打开模拟设置　　　　　　　　图 8.22　模拟设置

在【覆盖文本】设置栏中单击【编辑】,弹出【覆盖文本】对话框,如图 8.23 所示。在【其他】下拉列表中选择【当前活动任务】,Navisworks 将自动添加【＄TASKS】字段,单击【日期/时间】,在下拉菜单中设置日期和时间的显示方式,本案例设置为"日期和时间表示法适于本地"。完成后单击【确定】,退出【覆盖文本】对话框。再次单击【确定】,退出【模拟设置】对话框。

图8.23 覆盖文本

⑤再次单击【播放】按钮可以在当前场景中预览施工任务的进展情况,如图8.24所示,可以看到文字信息中包含当前任务名称信息。

星期五 17:35:48 2020/9/11 天=1 周=1
1梁[构造 42%]

图8.24 文本显示

⑥单击 【导出】按钮,打开【导出动画】对话框,如图8.25所示。设置导出动画源为【Timeliner 模拟】,渲染为【视口】,可以设定导出动画的尺寸及每秒帧数,帧数越高动画越平顺。完成设置后,单击【确定】导出至所需文件夹,即完成4D施工动画的模拟。

图8.25 导出动画

参考文献
References

［1］ National Institute of Building Sciences . The National BIM Standard-United States［Z/OL］. ［2020-01-08］.

［2］ AEC（UK）. AEC（UK）BIM Technology Protocol［Z/OL］.［2020-01-08］.

［3］ 中华人民共和国住房和城乡建设部. 关于印发 2012 年工程建设标准规范制定修订计划的通知［EB/OL］.［2020-01-08］.

［4］ British Standards Institution. ISO 19650 Building Information Modelling（BIM）［EB/OL］. ［2020-01-08］.

［5］ EU BIM Task Group. Handbook for the Introduction of Building Information Modelling by the European Public Sector［S/OL］.［2020-01-08］.

［6］ 中国建设教育协会组织. 综合 BIM 应用［M］. 北京:中国建筑工业出版社,2016.

［7］ 清华大学 BIM 课题组,,互联立方 isBIM 公司课题组. 设计企业 BIM 实施标准指南［M］. 北京:中国建筑工业出版社,2013.

［8］ Computer Integrated Construction Research Group . BIM Project Execution Planning Guide and Templates（Version 2. 1）［M］. Pennsylvania State University, University Park, PA,2010.

［9］ 上海市城乡建设和管理委员会. 上海市建筑信息模型技术应用指南（2015 版）［S/OL］. ［2021-12-23］.

［10］ Ho H H. BIM standards in Hong Kong:Development, impact and future［C］//7th Annual International Conference on Architecture and Civil Engineering（ACE 2019）. 2019: 519-527.

［11］ 潘婷,汪霄. 国内外 BIM 标准研究综［J］. 工程管理学报,2017,31(1):1-5.

［12］ 李奥蕾,秦旋. 国内外 BIM 标准发展研究［J］. 工程建设标准化,2017(6):48-54.

［13］ Cheng, Jack C. P, Lu,et al. A review of the efforts and roles of the public sector for BIM adoption worldwide［J］. Journal of Information Technology in Construction. 2015(20):442-478.

［14］ 高崧,李卫东. 建筑信息模型标准在我国的发展现状及思考［J］. 工业建筑,2018,48 (2):7.

［15］ 中华人民共和国住房和城乡建设部. 建筑信息模型应用统一标准（GB/T 51212—2016） ［S］. 北京:中国建筑工业出版社,2016.

［16］ 中华人民共和国住房和城乡建设部. 建筑信息模型分类和编码标准（GB/T 51268— 2017）［S］. 北京:中国建筑工业出版社,2017.

［17］ 中华人民共和国住房和城乡建设部. 建筑信息模型设计交付标准（GB/T 51301—2018） ［S］. 北京:中国建筑工业出版社,2018.

［18］中华人民共和国住房和城乡建设部.建筑信息模型施工应用标准(GB/T 51235—2017)［S］.北京:中国建筑工业出版社,2017.

［19］北京市规划委员会,北京市质量技术监督局.民用建筑信息模型设计标准:(DB11/T 1069—2014)［S/OL］［2021-12-23］.

［20］深圳市建筑工务署.深圳市建筑工务署BIM实施管理标准(SZGWS 2015-BIM-01)［S/OL］.［2020-01-08］.

［21］李明龙.基于业主方的BIM实施模式及策略分析研究［D］.武汉:华中科技大学,2014.

［22］汪海英.BIM工具选择系统框架研究［D］.武汉:华中科技大学,2015.

［23］宁穗智,陆鑫.DBB模式下的建设工程BIM应用管理模式研究［J］.土木建筑工程信息技术,2016,8(5):21-25.

［24］高懿琼,翟康.BIM在设计阶段的实践应用探析［J］.中国管理信息化,2018,21(19):156-159.

［25］刘莎莎.BIM在施工项目管理中的应用与评价研究［D］.西安:西安科技大学,2018.

［26］任宏芳,刘艳芳.BIM技术在建筑运营维护阶段中的应用［J］.职工法律天地,2018(5):43-46.

［27］肖艳,李勇.建筑运营维护阶段的BIM技术应用研究［J］.基建管理优化,2017,29(3):15-25.

［28］徐奇升,苏振民,金少军.IPD模式下精益建造关键技术与BIM的集成应用［J］.建筑经济,2012(5):90-93.

［29］何清华,王剑锋.BIM技术与精益建造技术在IPD模式中的应用研究［J］.工程管理学报,2018,32(2):6-11.

［30］刘献伟.BIM技术在建筑企业中的应用探索——中建三局第一建设工程有限责任公司BIM应用简介［J］.中国建设信息,2012(20):40-41.

［31］戴晶,徐惠中,马华明,等.建设工程全过程项目管理中的BIM技术集成管理研究［J］.建筑施工,2019,41(6):1174-1176.

［32］许雷力.杭州市建筑设计行业BIM技术应用的策略研究［D］.浙江:浙江大学,2018.

［33］陈清.建筑机电安装工程全过程调试管理实践［J］.工程技术研究,2019,4(18):140-141.

［34］阴栋阳.建设单位主导BIM技术应用实施研究［D］.郑州:郑州大学,2017.

［35］张淼,王荣,任霏霏.英国BIM应用标准及实施政策研究［J］.工程建设标准化,2017(12):64-71.

［36］中华人民共和国住房和城乡建设部.建筑工程设计信息模型制图标准［M］.北京:中国建筑工业出版社,2019.

［37］National Institute of BUILDING SCIENCES. National BIM Guide for Owners［EB/OL］.［2020-01-08］.

［38］Autodesk, Dodge Data & Analytics. 中国BIM应用价值研究报告［R］. Dodge Data & Analytics,2015.

［39］Wilkinson P. Construction collaboration technologies:An extranet evolution［M］. Routledge,2005.

［40］Dyer,J. H. 协同优势:与供货商共同提升竞争力之路［M］.洪明洲,译.台北:中卫发展

中心,2004.

［41］蔡孟君,导入 BIM 于工程协同作业的冲击与效益之个案研究［D］. 台北:台湾大学,2013.

［42］郭荣钦,BIM 导入四部曲［J］. 营建知讯,2011(344):46-48.

［43］赖朝俊,蔡志敏,译. BIM 建筑信息建模手册——写给业主、项目经理、设计师、工程师以及承包商的 BIM 建筑信息建模指南［M］. 台北:松岗资产管理,2013.

［44］Autodesk, INC Autodesk BIM Deployment Plan:A Practical Framework for Implementing BIM［M］. Mclnnis Parkway San Rafael,2010.

［45］魏秋建. 营建项目管理知识体系［M］. 台北:五南图书出版股份有限公司,2014.

［46］buildingSmart. IFC Specifications［EB/OL］. ［2019-12-20］.

［47］East E W. Construction Operations Building information exchange（COBie）［R］. USACE ERDC,2007.

［48］National Institute of Building Sciences, Construction Operations Building Information Exchange（COBie）:Version 2.40 Update, 2010.

［49］National Institute of Building Sciences, National BIM Standard-United States Version 3［M］// Section 4.2:Construction Operations Building information exchange（COBie）-Version 2.4 Washington DC:National Institute of Building Sciences,2015:1-252.

［50］British Standards Institution. Collaborative production of information Part 4:Fulfilling employer's information exchange requirements using COBie-Code of practice（BS 1192-4:2014）［S/OL］. ［2021-12-23］.

［51］吴翌祯,谢尚贤. BIM 应用不可不知 COBie 标准［J］. 营建知讯,2015(384):56-63.

［52］Lin Y C, Chou S H, Wu I C. Conflict Impact Assessment between Objects in a BIM system［C］//ISARC. Proceedings of the International Symposium on Automation and Robotics in Construction. IAARC Publications, 2013, 30:1.

［53］Hsieh S H, Chen C S, Liao Y F, et al. Construction director:4D simulation system for plant construction［C］//Proceeding. of the Tenth East Asia-Pacific Conference on Structural Engineering and Construction（EASEC-10）, Bangkok, Thailand,2006:135-140.

［54］East, E. William. Construction operations building information exchange（COBie）［M］. Engineer Research and Development Center Champaign IL Construction Engineering Research Lab,2007.

［55］吴翌祯,谢尚贤. BIM 应用于设施维护管理之机会与挑战［J］. 营建知讯,2015(386):47-52.

［56］U. S. ARMY Corps of Engineers, Engineering Research Developmental Center,Construction Engineering Research Laboratory. Construction-Operations Building Information Exchange（COBie）［EB/OL］. ［2020-01-08］.

［57］IFMA,Paul Teicholz. BIM for facility managers［M］. John Wiley & Sons,2013.

［58］郭荣钦. 再谈 COBie(下)［J］. 营建知讯,2017(415):42-50.

［59］Wang X, Love P E. BIM + AR:Onsite information sharing and communication via advanced visualization［C］//Proceedings of the 2012 IEEE 16th International Conference on Computer Supported Cooperative Work in Design（CSCWD）. IEEE, 2012:850-855.

[60] Wang X, Love P E D, Davis P R. BIM + AR: a framework of bringing BIM to construction site[C]//Construction Research Congress 2012: Construction Challenges in a Flat World. 2012: 1175-1181.

[61] Wang J, Wang X, Shou W, et al. Integrating BIM and augmented reality for interactive architectural visualisation[J]. Construction Innovation,2014,14(4):453-476.

[62] Kwon O S , Park C S , Lim C R . A defect management system for reinforced concrete work utilizing BIM, image-matching and augmented reality[J]. Automation in Construction, 2014, 46(10):74-81.

[63] Chi, N. W. , Chen, et al. BIM-based AR application for construction quality inspection [C]//Proceedings of the 4th International Conference on Civil and Building Engineering Informatics, Sendai, Miyagi, Japan,2019.

[64] Wang H, Pan Y, Luo X. Integration of BIM and GIS in sustainable built environment: A review and bibliometric analysis[J]. Automation in construction,2019,103:41-52.

[65] Liebich,Thomas. IFC4——The new building SMART standard[M]. IC Meeting. Helsinki, Finland:bSI Publications,2013.

[66] De Boeck L, Verbeke S, Audenaert A, et al. Improving the energy performance of residential buildings: A literature review[J]. Renewable and Sustainable Energy Reviews, 2015, 52: 960-975.

[67] Yuan J, Farnham C, Emura K. Development and application of a simple BEMS to measure energy consumption of buildings[J]. Energy and Buildings, 2015, 109(12): 1-11.

[68] Heidari M, Allameh E, de Vries B, et al. Smart-BIM virtual prototype implementation[J]. Automation in Construction, 2014, 39: 134-144.

[69] Wong J K W, Zhou J. Enhancing environmental sustainability over building life cycles through green BIM: A review[J]. Automation in construction, 2015, 57: 156-165.

[70] Lee I, Lee K. The Internet of Things (IoT): Applications, investments, and challenges for enterprises[J]. Business horizons, 2015, 58(4): 431-440.

[71] Wang H, Gluhak A, Meissner S, et al. Integration of BIM and live sensing information to monitor building energy performance[C]//Proceedings of the 30th CIB W78 International Conference. 2013, 30: 344-352.

[72] Nguyen H T. Integration of BIM and IoT to improve building performance for occupants' perspective[J]. Journal of 3D Information Modelling, 2016, 1(1): 55-73.

[73] Wu I C, Liu C C. A visual and persuasive energy conservation system based on BIM and IoT technology[J]. Sensors, 2019, 20(1): 139.

[74] 上海市住房和城乡建设管理委员会. 2020 上海市建筑信息模型技术应用与发展报告[EB/OL]. [2021-05-03].

[75] 谢尚贤,郭荣钦,陈奂廷,等. 透过案例演练学习 BIM:基础篇[M]. 台北:台湾大学出版中心,2014.

[76] 程斯茉. 基于 BIM 技术的绿色建筑设计应用研究[D]. 湖南:湖南大学,2013.

[77] 陈子颖,林宇,张月燕. BIM 技术在绿色建筑设计中的应用[J]. 建筑设计管理,2013,30(06):14-16+18.

［78］李波. 基于 BIM 的施工项目成本管理研究［D］. 武汉:华中科技大学,2015.

［79］甘露. BIM 技术在施工项目进度管理中的应用研究［D］. 大连:大连理工大学,2014.

［80］杨震卿,姜薇,张晓玲. BIM 技术在模板数据验证中的应用［J］. 建筑技术,2014,45 (04):361-363.

［81］牛博生. BIM 技术在工程项目进度管理中的应用研究［D］. 重庆:重庆大学,2012.